Der **Urton**

vor dem Urknall

Eine Biographie zur

Imagination der Wandlung von Raum und Materie

Thomas Hettich

Thomas, Hettich
Der Urton **vor** dem Urknall
1.Auflage
ISBN 3 – 8334 – 1024 - 8
Alle Rechte vorbehalten
Herstellung und Verlag: Books on Demand GmbH, Norderstedt

FÜR GITTE

Inhalt

Dank

Vorwort

Einleitung

Musik

Architektur

Physikalischer Urknall

Urton

Nachwort

Dank

Der Dank gilt all denen die mich in irgend einer Form unterstützt haben.

Vorwort

Bevor Sie dieses Büchlein kaufen oder behalten, sehen Sie sich die beiden Tabellenblätter A.) und N.) im Anhang an. Das Blatt N.) repräsentiert unser heutiges Universum in ein paar wenigen Zahlen. Zeit, Masse, Volumen, Energie etc.. Das andere Tabellenblatt, also Blatt A.), wurde ebenfalls ermittelt anhand einer von mir gefundenen Formel. Für mich ist es der Anfang unserer Welt. Die Aussagen des Standardmodells sind in einigen Bereichen deckungsgleich mit den Daten auf dem Tabellenblatt N.). Sollten Sie anhand dieser beiden Tabellenblätter für sich den Umfang und die Intention dieses kleinen Büchleins erkennen, dann empfehle ich Ihnen Abstand vom Kauf zu nehmen. Wenn Sie allerdings ein gewisses Interesse entdecken, dann begeben Sie sich auf eine „EINFACHE Reise" eines Suchenden zum Anfang des Einen.

Bei meinen ersten vermeintlichen Einsichten, dass ich alleine etwas gefunden hätte, wurde ich spätestens dann bitter enttäuscht, als ich im Patentamt feststellen musste, dass es diese Erfindung schon gab, die ich erdacht hatte.

Das kleine Bild (Bild 1) veranschaulicht, wo ich nach meiner Auffassung zur Zeit stehe.

Bild 1

Der zurückgelegte Weg führte bildlich über Felsen, auf denen man oft auch ausrutschte und zurückfiel. Es ist ein Weg, den Millionen auch gegangen sind. Die Einen stehen oben, andere sind ein kleines Stück Weg zurück. Ich glaube ein wenig Tritt gefasst zu haben. Der zukünftige Wegesabschnitt führt jedoch hoffentlich ein Stück weiter.

Die Formel über den Urton und die Wandlung von Raum und Materie ist mein jetziger Treppenauftritt. Diese Formel ist für mich das bisher Beindruckendste, das ich ideell erfassen konnte und welches wahrscheinlich von mir stammt.

Die Formel gilt natürlich nur für mich und vielleicht für den, der Ähnliches in ihr sieht oder erkennt. Dadurch erreicht sie vielleicht irgendwann einmal eine Allgemeingültigkeit. Im Anfang war ein Ton mit äußerst extremer Energie in einem räumlichen Nichts.

Einleitung

Als ich als gelernter Zimmermann meinen ersten Schnellentwurf als Architekturstudent zeigen durfte, war ich erstaunt über die zeichnerische Qualität, insbesondere der schweizerischen Kommilitonen. Ich ließ mich dadurch jedoch nicht entmutigen und in einer Vorlesung empfahl der Professor: " Ein Architekt muss dem Bauherrn sagen und aufzeigen, wie gebaut werden soll. Der Architekt hat das Recht über das zu planende Gebäude selbst zu entscheiden."

Damals wie heute war und bin ich davon überzeugt, dass dies der falsche Weg ist, denn der Bauherr, der ja alles finanziert und dem SEINE Behausung gefallen muss, muss nach meiner Ansicht in den Entwurfsprozess wesentlich mit eingebunden werden.

Aufgrund dieser Überlegung kam ich zur Musik, die als Vermittlerrolle zwischen Architekt und Bauherr dienen sollte. Dadurch lernte ich Pythagoras und die Bedeutung der Zahl kennen, aber ich kam auch zu den Akousmata. Ich fühlte Rhythmus im Jazz und später die geheimnisvolle Obertonreihe im leidlichen Spiel eines Vibrafons, denn dieses Instrument hatte ich erst sehr spät zu spielen begonnen.

Meine architektonischen Fortschritte beschränkten sich auf 4-5 eigen umgesetzte Gebäude, die ich bei meinen Arbeitgebern gebaut hatte. In meiner Freizeit fertigte ich Pläne für rund 20 Wettbewerbe, wovon lediglich zwei zu einem Preis führten. Ich ließ mich wieder nicht entmutigen, denn ich hörte von Kollegen, die ebenfalls teilnahmen, dass ich meiner Zeit angeblich voraus sein sollte, was ich aber damals nicht glaubte.

Ein gesundheitlicher Einbruch (Bild 2) verbunden, mit einer zuvor wesentlichen Auseinandersetzung eines Gebäudes meiner Heimatstadt, führte dazu, dass ich mich mit meinen architektonischen Überlegungen der Stadt Villingen zuwandte.

Bild 2

Ich beschäftigte mich weiter mit ein wenig Philosophie und zwangsläufig auch mit Physik, denn die zur Zeit genaueste Wissenschaft neben der Mathematik ist die Physik, die sich damit auch mit allem Anfang auseinandersetzt und dies war es immer, was mich reizte. Der Anfang, wie und womit **etwas** beginnt. z.B. eine Liebschaft, ein gutes Gericht, eine Stadt, eine Auseinandersetzung etc.

Musik

In der Jugend hatte ich die Möglichkeit ein Instrument zu erlernen. Dass ich dies nicht getan habe bereue ich bis heute.

Musik kann man nicht beschreiben, weshalb ich mich kurz fasse.

Zum „Glasperlenspiel" von Herrmann Hesse hatte ich die Assoziation, dass dieser beschriebene Josef Knecht ein Glasperlenspieler war, der durch das Erlernen und dem Können verschiedener Wissenschaften zum allumfassenden

Glasperlenspieler wurde. Für mich bedeutete dies, dass ich zu meinem Beruf als Zimmermann und als Architekturstudenten noch eine weitere Richtung in mein bisheriges Wissen oder Teilwissen erweitern sollte.

Dies war die Musik. Ich kaufte mir im nicht mehr ganz jungen Alter ein Schlagzeug und übte mit Oscar Peterson, Herb Ellis und noch anderen Größen, natürlich nur über das Medium Schallplatte. Bei dieser Art von Spiel blieb es, da ich einerseits kein Geld für Unterricht, aber auch keine Zeit hatte. Durch einen Wohnungswechsel hatte ich keine Möglichkeit mehr mit meinem Instrument zu üben. deshalb kaufte ich mir ein Melodieinstrument, um meine Architekturentwürfe besser durch die Zahl abgleichen zu können.

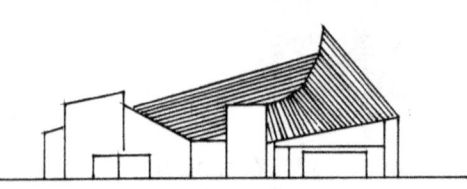

Einfachstentwürfe über Zahlenkolonnen, einer meiner zahlreichen Stilvorstellungen, führten zu wenig befriedigenden Ergebnissen (Bild 3) und doch war die schwingende Saite immer mein Anschauungsobjekt, um die Zahl einerseits mit der Geometrie aber auch mit dem Gefühl zu verbinden.

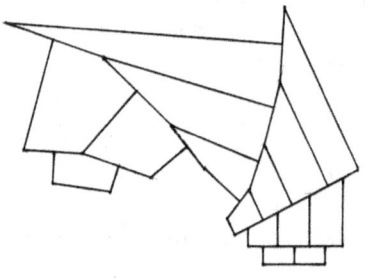

Zahlenfolge für den Grundriss

```
                2   2
            3   5   7
        3   6   11  18
    3   2   4   7   11
1   2   1   2   3   4
    1       1   1   1
```

Bild 3

Das pythagoräische Stimmungssystem wurde rund 2000 Jahre durch die damaligen Musiker benutzt. Das heute verwendete temperierte System reicht auf Mersenne und rund 300 Jahre zurück. Die Halbtonschritte im heutigen System betragen $2^{1/12}$, wohingegen im pythagoräischen System nur ganze Brüche erlaubt waren.

1   9/8   81/64   4/3   3/2   27/16   243/128/   2

Dass Zahlen und Zahlenverhältnisse auch Ausdruck unserer Gefühle waren hat mich damals aber auch heute fasziniert. Die Umsetzung von Blackbird von den Beatles (Bild 4) in ein einfaches geometrisches Muster war der Versuch Musik statisch abzubilden.

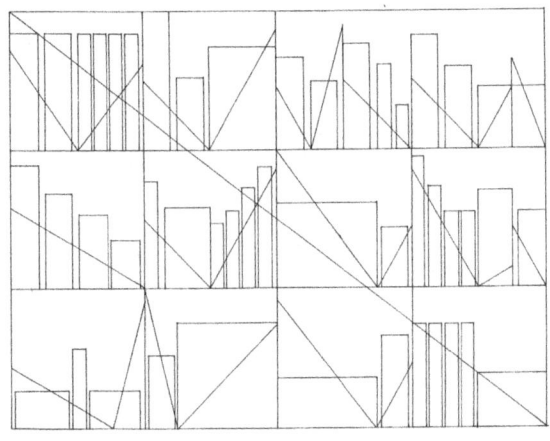

Bild 4

Es fehlen im Bild die Farben, jedoch kommt es mir mehr auf die Geometrie an, die die Töne und die Harmonien in einfacher Weise darstellen.

Auch freie Formen dienten mir anhand einer gehörten Musik zu einem räumlichen Ergebnis zu kommen (Bild 5).
Durch das Spielen in Bands konnte ich die Zeit erfahren, wie Sie sich darstellen kann. Wer auf der Bühne den SWING (heute groove etc.) miterleben durfte, der war nahe an der Zeit.
2 und 4 der Hi-Hat, Einwürfe der Snare begleitet durch die Bass-Drum, 4 Takte Bassbegleitung, ein oder zwei Melodieinstrumente,

die die Harmoniefolgen in der Improvisation wiederholen, bis sich ein unbeschreibliches Gefühl der zeitlichen Einheit einstellt: eine Art von Schwebung.

Bild 5

Wenn jeder weiß, dass die geringste Unachtsamkeit diesen SWING unweigerlich verschwinden läßt, dann macht man Musik. Ich hatte diesen Eindruck erst bei wenigen Auftritten, da ich ein Lampenfiebertyp bin und dieses Lampenfieber erst verschwunden ist, wenn der Auftritt zwei Stunden vergangen ist.
Wer ein derartiges Gefühl des Swing schon mal erlebt hat, der muss zugestehen, dass ein solches Gefühl auch schon bei den Griechen vorherrschen konnte, denn die beiden Abbildungen (Bild 6) gehören zu griechischen Spielern von Saiteninstrumenten, der eine wahrscheinlich mit, der andere ohne Swing. Ob so etwas auch heute noch geschieht?

Bild 6

Das Ineinandergreifen der verschiedenen Tonlagen, das Transponieren, versuchte ich auch in der Natur zu sehen, durch die verschiedenen Formen in der Tierwelt (Bild 7).

Bild 7

Dass nicht nur ich solche Eindrücke von der Musik habe, zeigt die Darstellung einer Laute, die angeblich von Pythagoras gespielt wurde. Sie hat zehn Saiten (Bild 8), was man unschwer an den abgebildeten Wirbeln erkennen kann.

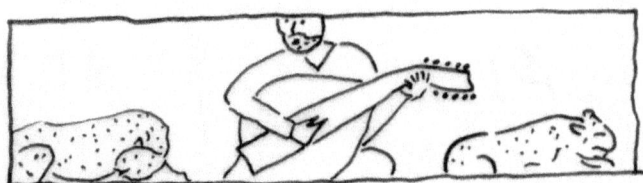

Bild 8

Er spielt so beeindruckend, dass sogar angeblich die wilden Tiere, sich vor ihm entspannt ausstrecken und keine Anstalt irgend einer Aggression zeigen. Die Zahl „zehn" hatte bei Pythagoras eine außerordentliche Bedeutung. Der pythagoräische Eid spricht von der Tetraktys, als der Gruppe von Vier.

1+2+3+4=10

Der EINS wird darin die UR-EINS zugeschrieben. Die Pythagoräer erweitern ihre Überzeugungen nicht nur auf das menschliche Leben sondern auch auf den Kosmos, der in harmonischer Weise funktionieren soll, was Kepler im Mittelalter auch damals beweisen konnte. Die Zahl ist für die Pythagoräer der Urgrund, aus dem Alles erwächst.

Eines der merkwürdigsten Vorkommnisse in der Musik ist das Entstehen der Obertonreihe, kurz zur Erklärung. Warum gibt es eine Stradivarie und nicht nur Geigen? Warum hören Musiker anders als Normalsterbliche? Weil es nicht nur einen Ton gibt, sondern auch eine Menge andere Töne die ineinanderverschmelzen. Der Mathematiker nennt dies einfach „Fourierreihe". Aber mit einer Fourierreihe kann man keine Geige, oder eine Gitarre bauen,. Hierfür braucht es zum guten Schluss das Ohr des Geigen- oder Gitarrenbauers. Er weiß dann; welcher Oberton noch fehlt oder „weggeschliffen" werden muss.
Wenn die Grundschwingung 1/1 schwingt, dann schwingt der erste Oberton ½, der 2. Oberton 1/3 usw.
Physiker haben festgestellt, dass von Instrumenten bis zu 40 Obertöne abgestrahlt werden. Hier kann es sein, dass bei einem Instrument der 36. Oberton fehlt, bei einem anderen Instrument

fehlt der 21. und 28. Oberton. So setzt sich die Klangfarbe eines Instrumentes mit zusammen.

Dazwischen:
Wenn es bei einer Geige oder einer Trompete 40 Obertöne gibt, wieviel Obertöne gibt es dann beim <u>Urknall</u>?

Einfach mal ganz grob. Es ändert sich, wie stark die Saite gezupft wird, da bei einem starken Anzupfen mehrere Obertöne anklingen und ob eine hohe oder tiefe Saite gespielt wird.

Diese Obertonreihe war zusammen mit dem Swing das meinige Mysterium der Musik, vielleicht besser im Jazz. Wer emotional gerührt wird durch Musik, der weiß was ich meine. Nach meiner Auffassung liegt das an **dem Ton** und an **dem Swing**.
Die kleine Zeichnung (Bild 9) zeigt einen Grundton und die ersten Obertöne.

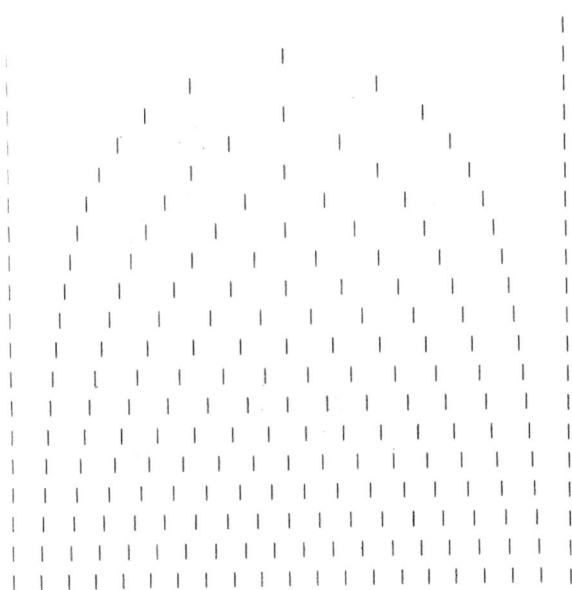

Bild 9

Zur besseren Darstellung sind die Obertöne immer getrennt von den vorhergehenden aufgezeichnet. Vom Gehör muss man Sie sich zusammen denken, denn sie bilden ja eine Einheit, nämlich den von uns wahrgenommenen Ton. Wenn der Grundton mit 400 Hz schwingt, dann schwingt der erste Oberton mit 800 Hz, der zweite mit 1200 Hz und der dritte mit 1600 Hz.

Zur besseren Übersichtlichkeit ein Schaubild
(Bild 10) mit fünf Obertönen:

Bild 10

Wenn Sie die im Schaubild zusammenklingenden Töne „sehen", dann stellen Sie an den Rändern fest, dass die Abstände zu den benachbarten Tönen nicht harmonisch sind. Nach Pythagoras sollte sich aber eine Zahlenfolge mit ½; 1/3; ¼ harmonisch darstellen. Nur der 5. und 2. Oberton, der 4.Oberton und der 3. Oberton stehen im harmonischen Verhältnis zueinander. Hier stellt sich jetzt die Frage, welche Sequenz wir betrachten. Die „Töne", die zusammen abgebildet sind, oder die, in denen die Töne einzeln abgebildet werden.
Wenn wir die getrennten Töne betrachten so sehen wir ein harmonisches Bild, in dem sich die Töne entsprechend verhalten. Bei dem Bild, in dem die Töne zusammenklingen, hat der

Frequenzton zum letzten Oberton ein unharmonisches Verhältnis, eine Dissonanz.

Eine Tonleiter aus den Differenzen der Obertonreihe mit 12 Tönen gebildet ergäbe die Sequenzen:

x/2-x/3; x/3-x/4;x/4-x/5 ..bis x/11-x/12; x/12

Das Verhältnis x/11/-x/12//x/12 ist jedoch unharmonisch.
Gleichzeitig ist es aber Teil eines Tones.

Dieses Verhältnis gründet in der einfachen Formel

$(x/n+1)/((x/n) - (x/n+1)) = V$ V = Verhältnis Frequenzton zum letzten Oberton
x= Saitenlänge
n= Anzahl der Töne

Die Obertonreihe die man bei **JEDEM** Ton eines Instrumentes oder einer Stimme, beim Plätschern eines Baches, beim Rauschen des Waldes in den verschiedensten Facetten hören kann, fand ich immer beeindruckend.
Wenn es nun einen Urknall oder Urton gab, dann müsste entweder der Frequenzton oder aber der letzte Oberton noch zu hören sein. Die Physiker haben die kosmische Hintergrundstrahlung entdeckt, die sie auf den Urknall zurückführen. Ob diese Hintergrundstrahlung ein Oberton oder ein Frequenzton ist, wird man vielleicht mal zum Forschungsgegenstand machen. Nachfolgendes Bild (Bild 11) fand ich immer interessant, da man es linear betrachten kann, in dem die Abstände der Linien bei stetiger Teilung durch ganze Zahlen nie an den letzten Strich gelangen. Andererseits kann man es als einen Zylinderausschnitt betrachten dessen Krümmung nie zur Weiterführung als über 90 Grad gelangt.

etc.

Bild 11

Das Anschauungsbild sich bildender Wellen (Bild 12) veranschaulicht Bild 11 auch von oben betrachtet.

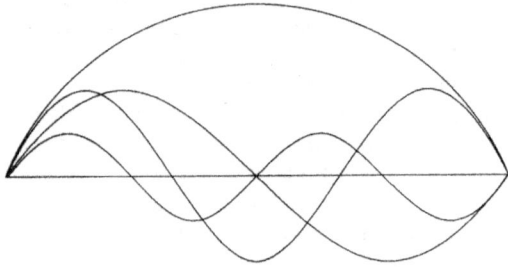

Bild 12

Die Krümmung des Raumes, denn die Darstellung der Obertonreihe ist ja reine Geometrie und wird durch den Raum transportiert, mit einer gleichzeitigen Verkürzung gleicher Abstände ist bei herkömmlicher Betrachtung lapidar. Für mich bildete es aber das Geheimnis, wie Informationen verschlüsselt werden, die für den Einzelnen aus ganz verschiedenen Hör- und Blickwinkeln wahrgenommen werden.
Diese oben gezeigte einfache Formel zur Obertonreihe, wobei der Frequenzton zum letzten Oberton ins Verhältnis gesetzt wird, ermöglicht natürlich auch Verhältnisse vom Frequenzton zum dritten oder z.B. zum 52. Oberton. Spannend wird es wenn man

für n=o einsetzt, denn dann schwingt z.B. eine Gitarrensaite nicht und eine Posaune wird nicht angeblasen. Aus der Formelrechnung ergibt sich aber dann V = -1. Mathematisch ist – 1 einfach eine negative Zahl. Sie kann aber auch als $i^2 = -1 = V$ angeschrieben werden. Damit ergibt sich eine imaginäre Einheit. Durch die absolute Ruhe, der absoluten Stille und Bewegungslosigkeit führt diese Überlegung zur Imagination. Die Welt, das Weltall gedacht als nicht kontinuierlich fortschreitend, sondern in kleinsten Etappen im Wechsel von Stille und absolutem Stillstand und einer immer wieder einsetzenden Bewegung.
Wahrgenommen, wenn eine Jazzband einen Break spielt, wenn die Zeit stillt, die Erwartung steigt und das Spiel wieder von Neuem beginnt.

Architektur

Über meine ersten Erfahrungen als Architekturstudent habe ich schon kurz berichtet. Ich hatte das Glück mich intensiv mit Architektur auseinanderzusetzen, als ich bei einem der für mich großen Architekten im süddeutschen Raum mein Zwischenpraktikum absolvieren konnte. Unter „groß" meine ich, dass er nach meiner Meinung bewusst jegliche Architekturschule gemieden und seinen Überzeugungen gefolgt ist, neue Architekturformen mit der Nutzung der Sonnenenergie verbunden hat, neue Sonnenmobile erdacht und finanziert hat etc.

Bei Ihm durfte ich mein erstes Modell bauen, dessen zugrundeliegende Wettbewerbszeichnungen auch zu einem Preis führte. Ein sehr geringer Teil des Erfolges war sicherlich auch an diesem Modell messbar (Bild 13).

Bild 13

Als junger Architekt errang ich mit einem bis heute gebliebenen Freund einen kleinen Preis in einer Kleinstadtstruktur mit Dorfcharakter. Der langgezogene Baukörper, gedacht als Remise, war unsere Antwort zur Erweiterung der damals bestehenden Substanz (Bild 14).

Bild 14

Aus dem Dreieck, im Rechteck eines Kreises, wurde bei mir das Rechteck im Kreis eines Dreiecks, also umgekehrt gedacht, für die Planung eines Friedhofes mit Aussegnungshalle. Der Tote - zum letzten Mal gesehen- wird verabschiedet, indem die Angehörigen ihren Blick in einen dreiecksförmigen Innenhof heben können und auf einen Bergahorn blicken. Der Weg des Toten löst sich als Aschestrom über den ellipsenförmigen Friedhof im nahen Grünbereich auf, dabei begleitet er die Zeit, die sich im immerwährenden Ursinn dreht (Bild 15).

Bild 15

Mein letzter Wettbewerb war in Weimar zur Erweiterung der dortigen Architekturfakultät. Es war eine große Aufgabe, für den Vorläufer des Bauhauses in Dessau eine adäquate Lösung bzw. Idee zu finden. Bei einem Künstler sah ich einen Würfel, der mich in dem Moment faszinierte, als ich seine Bedeutung, sein Sein wahrnehmen konnte. Den Würfel konnte ich zur damaligen Zeit erstmal aus zwei verschiedenen Perspektiven wahrnehmen. Einmal als Würfel in einer Raumecke, zum anderen konnte man den Würfel mit einer Raumecke wahrnehmen. Später konnte ich noch eine dritte Möglichkeit erkennen, nämlich, dass ein kleiner Würfel außerhalb des Ursprungswürfels zu erkennen ist, so dass es **drei Möglichkeiten** (Bild 16) gibt diesen Würfel zu betrachten.

Bild 16

Dies war für mich die Überlegung diesen Würfel als Zeichen für die Architekturfakultät in Weimar zu setzen, nämlich die Auseinandersetzung, als Wechselbeziehung bzw. Wandlung von Baukörper und Raum. Das Wettbewerbsergebnis brachte für mich keinen Erfolg. Nun, es gab noch weitere Wettbewerbe: Ein kleiner Kindergarten, weitere Versuche mit den pythagoräischen Formen und Zahlen etc., doch ich konnte keine Wettbewerbsjury mit meinen Gedanken überzeugen.

Ein kleiner Rückblick auf meine Arbeit außerhalb des Dienstes, da ich ja als Beamter tätig bin. Die Auszeichnung während des Dienstes beschränkte sich auf eine Anerkennung der Architektenkammer.

Die folgenden Bilder, auch aus dem Urlaub, sollen aufzeigen, was mich zum Denken und manchmal auch zum Überprüfen angeregt hat.

Die ursprünglichste Form, etwas zu überbrücken, ist der Träger auf zwei Stützen und erinnert an einen Bachlauf, der durch einen

Baumstamm überspannt wird (Bild 17 u. links). Dagegen hat ein Steinspitzgewölbe (Bild 18 u. rechts) die Assoziation an eine Höhle oder einen Stollen.

Bild 17   Bild 18

Beides sind archaische Architekturformen, die wahrscheinlich durch eine Idee bzw. durch einen Nutzungszweck entstanden sind. Manch einer steht mit staunenden Augen vor diesen frühen Formen und fragt sich, wie die damaligen Menschen dies erschafft haben konnten. Diese gebildeten Formen gehorchen den Fertigkeiten, die die Menschen damals besessen haben. Dagegen ist eine natürliche Form weitaus komplexer.

Eine gezackte Küstenlinie, verwittertes Küstengestein, sich überlagernde Wasserlinien, eine sich bildende Gischt durch Sauerstoffanreicherung (Bild 19 u. links). Dagegen kann "gefangenes" Wasser zwischen zwei Eisschichten amorphe Formen hervorbringen (Bild 20 u. rechts).

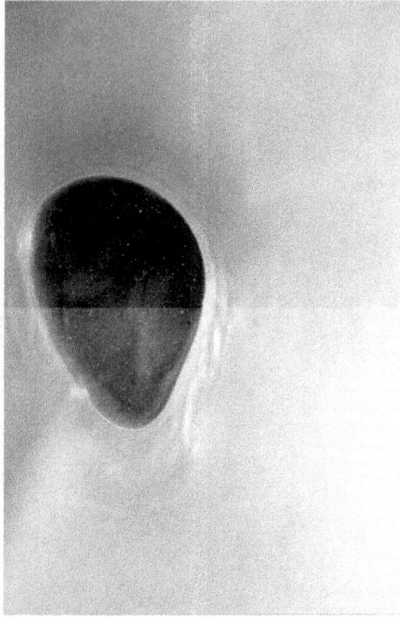

Bild 19   Bild 20

Architektur der letzten 2500 Jahren basierte vorwiegend auf der euklidschen Geometrie. Rechteck, Kreis, Quadrat, Linie, Dreieck, Kugel, etc. die sich in mannigfaltiger Weise miteinander kombinierten. Erst die Dekonstruktion versucht diese euklidsche Geometrie zu dekonstruieren, was ihr nach meiner Meinung jedoch noch nicht gelingt, da auch die Dekonstruktion auf Euklids Geometrie beruht.

Bevor wir zur Geometrie des Chaos kommen die auch in vielfältiger Weise mit der natürlichen Form, wie z.B. einer Küstenlinie in Verbindung zu bringen ist, möchte ich anhand einiger weiterer Bilder aufzeigen, was für mich Raum in der Architektur und damit Anziehung der gestalteten Masse bedeutet. Jeder hat für sich seine Vorlieben.

Links, Bild 21   oben Bild 22

Bild 23

Die 3 Bilder (Bild 21-23) zeigen ägyptische Säulen. Wie auch in Griechenland sind Reihungen erkennbar. Die Säule selbst besteht aus dem Säulenfuß, dem Säulenschaft und dem Kapitell, welches in verschiedener Weise ausgeformt ist. Zum einen als sich wenig verjüngender Kegelstumpf und zum anderen als außen gestülpte Kapitellvolute. Im Innern einer solchen Säulenhalle wirkt etwas Eigenartiges, das uns magisch anzieht, wir aber nicht definieren können.

Die frühen Kreter verjüngen ihre Säulen nach unten. Die Säule ist vollständig mit Fuß, Schaft und Kapitell in einfacher Ausführung gearbeitet (Bild 24).

Bild 24

Weshalb eine runde Säule und ein quadratischer Pfeiler nebeneinander stehen, ist unklar und doch bilden sich Menschentrauben, die sich von ihnen angezogen fühlen (Bild 25).

Bild 25

Die späten Griechen verfeinern ihre Baukultur . Proportion und Zahl soll ein wesentliches Gestaltungsmittel sein. Bei dem abgebildeten Tempel (Bild 26) handelt es sich um einen

Hexastylos, also einem Tempel mit sechs Säulen an der Schmalseite.

Bild 26

An der Längsseite besitzt er dreizehn Säulen. 6/13 ist zwar ein ganzzahliges Verhältnis aber kein harmonisches nach der damaligen Auffassung. Beim Abzählen der Säulen gibt es für die Ecke immer eine Doppelbesetzung der Ecksäule, ob man von der Längsseite oder von der Schmalseite aus die Proportionen wählt (Bild 27).

Bild 27

Das Kapitell (Bild 28) der letzten griechischen Periode zeigt mir, dass die Griechen die Auflösung der Materie in ihrer Baukunst suchten. So waren sie bestimmt die ersten Vorläufer der heutigen Elementarphysiker.

Bild 28

Aus dem Griechenland von vor 2500 Jahren sehen wir ein paar hundert Jahre später in einer italienischen Hafenstadt gewachsene einheitliche Strukturen die sich nur wenig voneinander abheben, so dass es zu keiner Dissonanz führt (Bild 29).

Bild 29

Wie in Griechenland sind die Bezüge zur Musik, wie z.B. Proportion und Harmonie auch hier erkennbar. Übereinandergeschichtete Töne, Akkorde, erklingen an dieser Fassade (Bild 30).

Bild 30

Die Auflösung von Materie in Raum findet ihren Höhepunkt in der Gotik. (Bild 31+32).

Bild 31   Bild 32

Weshalb können wir diese Gebäude noch in unserem Jahrhundert betrachten und wahrnehmen? Dies ist nur möglich, weil ungeheure Summen dafür verwendet werden diese

Kulturgüter zu erhalten. Gebäude, die nicht unter der Maxime der Baukunst stehen, erleiden ein ganz anderes Schicksal.

In Portugal steht ein alter Kiosk, an dem man ablesen kann, wie sich eine Ansicht eines kleinen Gebäudes ändern und verwandeln kann (Bild 33).Die Zeit hat dafür gesorgt, dass Generation zu Generation sich „zu helfen" wußte. Dies gilt natürlich nur, wenn man nicht genug Geld besitzt um das „Ganze" zu erhalten.

Bild 33

Ich bin davon überzeugt, dass dieses Verhalten im Mensch angelegt ist. Betrachten wir alte Wohngebiete, so sind Veränderungen überall erkennbar. Ein kleiner Anbau, ein Vordach, ein Balkon, eine Gaupe etc. Gebäude erfahren Veränderung die zum ursprünglich Gedachten und Geplanten nicht mehr in Relation zu stehen. Dies ist gegründet in physikalischen Gesetzmäßigkeiten. 2 Aufnahmen sind für mich bezeichnend für dieses Gesetz. (Bild 34) könnte das Umfeld ohne Leben bzw. ohne jegliche Bewegung darstellen.

Bild 34

Wir wären der Meinung, dass dieser Balkon aufgeräumt wäre, es herrscht Ordnung. Diese Ordnung würde auch ohne Eingriff von außen bestehen bleiben. Beim zweiten Balkon herrscht Unordnung, die gerade von einer Frau beseitigt wird. Die Frau räumt auf. Dabei wissen wir aber nicht, ob sie irgend woanders Unordnung schafft. Die Unordnung auf dem aber Balkon wurde aber bestimmt durch eine Person herbeigeführt (Bild 35).

Bild 35

Der Begriff Ordnung hat seit einer gewissen Zeit in Deutschland etwas Voreingenommenes. Deshalb möchte ich die sachverwandten Wörter umreißen. Damit meine ich z.B.
geordneter Zustand,
Klasse, Richtigkeit etc.

Wir können überall Ordnung sehen und betrachten. Es kommt nur auf die Entfernung und das Umfeld an. Bei der Mauer (Bild 36) handelt es sich um eine Feldstein mauer mit 2 verschiedenen Ordnungssystemen.

Bild 36

Der untere Bereich, die Hauptmauer, besteht aus großen und kleinen Steinen ohne Zuschnitt. Die Mauer wird geschichtet, wie die Größe der Steine es zuläßt. Wir würden sagen, dass es mehr der Unordnung entspricht, wenn wir das Fugenbild dieser Mauer anschauen. Sehen wir dieses Fugenbild aber genauer an, dann können wir erkennen, dass z.B im unteren und seitlich rechten Drittel der Mauer drei große Steine aufgesetzt sind deren Fugen ca. jeweils 120 Grad zueinander stehen. Dieses 120 „Grad- Bild" ist bei aufmerksamer Betrachtung auch an anderen Stellen sichtbar, z.B. an den Steinen sich bildenden Hohlräumen. Die Frage für mich: Ist dieses Fugenbild abhängig von den Steinen oder von „Dem" der die Mauer aufgesetzt hat. Die horizontale letzte Schicht benötigt eine solche Frage nicht, denn diese Steine wurden bewußt ausgewählt und vermitteln deswegen eine höhere Ordnung.

Ordnung, Zustand, Klasse, Richtigkeit aber auch Einfachheit haben mich immer in irgend einer Form angezogen. Die beiden Bilder (Bild 37+38) sind es auf meinen Fahrradtouren immer wieder Wert gewesen anzuhalten um mich zu vergewissern, warum gerade Architekten auf einfache Formen, auf geometrische Formen ansprechen und der Bürger vielleicht mehr auf Gestaltung im Sinne von Ornament.

Bild 37

Bild 38

Strukturen sind in verschiedenen Bauzeiten ablesbar. Bezieht sich die eine Struktur nur auf das Traggerüst, da es noch nicht fertiggestellt ist (Bild 39), so ist beim fertigen Haus eine Teilstruktur zum Vorgängergebäude sichtbar. Die verschiedene

Ausformung der Bauteile ist natürlich erkennbar, aber bei beiden spricht man von Struktur.

Bild 39

Wenn es keine Symmetrie gibt, dann schafft man sich eine und dies nicht nur bei den Architekten (Bild 41+42).

Oben, Bild 41   rechts Bild 42

Was ist aber wirklich symmetrisch und was scheint nur symmetrisch zu sein?

An einem Haus entdeckt man Pythagoras, oder ist das Zufall. 1,2,3,4 mit einem Pentagramm, das gleichzeitig die Eins ist (Bild 43).

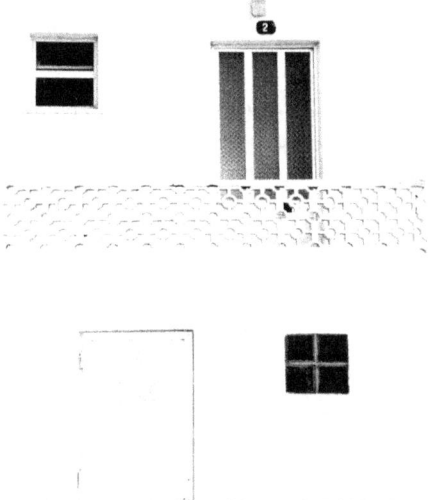

Bild 43

Im Haus 2 Tulpen in verschiedenen Formen von einer Lampe beleuchtet (Bild 44).

Bild 44

Diese Betrachtung ist sicherlich geprägt durch meine Vorliebe zu Pythagoras, die sich aber nur auf seine musikalischen Erkenntnisse und Vorgaben und seine zahlentheoretischen Überlegungen beziehen.

Die beiden Gebäude (Bild 45+46) erinnern mich an das Bauhaus. In diese Richtung wurde auch ich im Studium hingeführt.

Bild 46

Bild 45

Dieses Bauhaus hat für mich immer noch eine klare Richtung. Allerdings bin ich davon überzeugt, dass die Prämissen (reiner Funktionalismus) in vielen Stadtstrukturen nicht anwendbar sind. Dieses Bauhaus wirkt nun rund 100 Jahre und hat verschiedene Strömungen durchlaufen mit Brutalismus, Postmoderne, 2. Moderne etc.

In den 60iger Jahren des vorigen Jahrhunderts wird ein Gebäude in meiner Heimatstadt erstellt, das man nicht auf die Wurzeln des Bauhauses beziehen kann, welches aber in der Tradition des Bauhauses gebaut wurde. Gebaut wie unzählige von Gebäuden in der Bundesrepublik, die sich auf das Bauhaus beziehen, mit dem Bauhaus selber aber nichts zu tun haben, da sie allein auf den Profit, auf den Kommerz ausgerichtet sind (Bild 47).

Bild 47

Gegenüber diesem vermeintlichen Bauhausgebäude ist ein Straßenzug zu sehen, der über Jahrhunderte besteht (Bild 48) und in kleinen Teilen verändert wurde.

Bild 48

Was ist Ordnung, was Unordnung? Wo sehen wir Einheit? Ist Struktur erkennbar? Erkennen wir eine Symmetrie? Um eine Wertung vorzunehmen. Hier ist das Ergebnis einer Kunsthaltung

(Moderne?) erkennbar, die sich in eine Stadtstruktur stellt, die auf anderen Gesetzmäßigkeiten beruht. Dies ist die Grundstücksgröße: Einfach, aber mit großer Wirkung. Eine große Grundstücksgröße gegenüber kleinen Grundstücken ermöglicht andere Baustrukturen, da sie auf einmal und nicht Zug um Zug bebaut werden. Hier besteht die Gefahr der Monotonie. Dieses Prinzip ist in dieser Stadt an mehreren Stellen abzulesen. Dieses Eckgebäude weist ein solches Vorgehen aber am eindrücklichsten nach.

Was hat ein landwirtschaftliches Anwesen (Bild 49) mit einer Stadt zu tun? Zwischen Bild 49 und (Bild 50) ist der Unterschied zwischen einem Hof zu erkennen, der die Einheit eines Hofgutes respektiert und trotzdem auf dem neuesten technischen Stand ist und einem Hof, der zur ursprünglichen Konzeption weitere Elemente hinzustellt und benötigt.

Bild 49

Bild 50

Ist es auf dem Land ein Silo oder eine sonstige Einrichtung, die man der Zeit anpasst, so kann es in der Stadt ein Schaufenster sein, das in eine Erdgeschosszone gebrochen und statisch abgefangen wird (Bild 51).

Bild 51

Dass man auch anders seinen Broterwerb sicherstellen kann, zeigt sich beim o.g. einheitlich wirkenden landwirtschaftlichen Anwesen aber auch beim Stadthaus, das noch als Ganzes (Bild 52) wirkt.

Bild 52

Leider steht der unverrückbare Sonnenschirm, da wo er nicht stehen sollte, aber bestimmt erkennbar.

Zwei Beispiele (Bild 53+54), wie sich modern angehauchte Architekten an mittelalterlichen Strukturen ausprobieren und der Blick des Betrachters über eine gewisse Zeit getrübt ist.

Bild 53

Bild 54

Villingen und Schwenningen, beides Städte vor der Vereinigung, heute eine Gesamtstadt, beruhen auf ganz unterschiedlichen Ordnungssystemen. Villingen als geplante mittelalterliche Stadt. Schwenningen entwickelt sich aus einem kleinen Weiler o.ä. als gewachsene Struktur.

Villingen (Bild 55) mit einer geistig ideellen Grundlage, umgesetzt im Stadtbild in einer klaren äußeren Form, einer klar ablesbaren inneren Struktur, einem Hauptstraßensystem mit Symbolcharakter, mit Nebenstraßen die diesen Hauptstraßen folgen, die gerade geplant waren, basieren auf der euklidschen Geometrie.

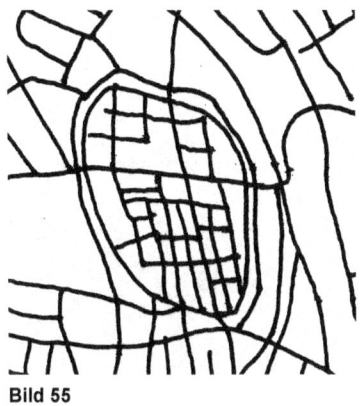

Bild 55

Schwenningen (Bild 56) ist gewachsen.

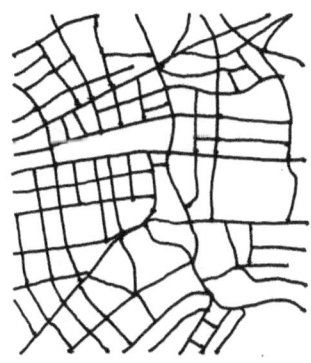

Bild 56

Ein Haus stellt sich zum anderen wie ein Stein zu einer Mauer und es bilden sich wie von selbst Strukturen, die wir heute chaotisch nennen und die doch eine immer größere Bedeutung besitzen. Die 3-Wegeknoten als Hauptkreuzungen,

Bifurkationssysteme im Nebenstrassenbereich, gekrümmte Straßen, amorphe äußere Form - dies sind die wesentlichen Merkmale einer gewachsenen Stadtstruktur, einmal mehr, einmal weniger ausgeprägt jedoch basierend auf der Geometrie des Chaos.

Was ist Kunst? Für mich ist meine Heimatstadt Villingen Stadtbaukunst des Mittelalters. Ich habe dies versucht kurz darzulegen.

Wenn wir manchmal am Rhein baden gehen, dann sind immer wieder Massenmännchen (Bild 57) zu sehen die mit Rheinkiesel aufgeschichtet und in Balance gehalten werden.

Bild 57

Eigenartigerweise bleiben diese Männchen über mehrere Wochen stehen und man kann sie jedes Wochenende betrachten. Sie werden nicht zerstört, nicht einmal von mutwilligen Jünglingen. Für mich ist Kunst, wenn das Objekt durch die Menschen respektiert, betrachtet, darüber diskutiert, fotografiert etc. wird. Diese Massenmännchen verschwinden, wenn die erste Flut des Rheins im Herbst sie zum Einsturz bringt.

Auch dieses Gebilde (Bild 58) verschwindet durch einen starken Regen.

Bild 58

Für viele war es aber, solange es gestanden hat, Baukunst, allerdings aus Sand. Irgend wann einmal wird alles verschwinden und wir brauchen uns über Kunst, über geplant und gewachsen, über Ordnung und Chaos keine Gedanken mehr zu machen, denn es wird nach meiner Meinung alles in sich zusammenfallen (Bild 59).

Bild 59

Wie sich dann unsere Welt darstellt unterliegt jetzt noch ihrer Imagination. Wenn wir aber in diesem Raummasse-Zeitkegel verschwinden, dreht sich dann die Erinnerung um?

Dennoch wäre es reizvoll ein energiegeladenes Gebäude zu entwerfen und zu bauen. Ähnlich einem griechischem Tempel ließen wir uns beeindrucken und leiten von Form, Proportion, Schönheit, etc. einem gewissen Bild das in uns ist und wir mit einer Stadt, der Natur, der Musik etc. verbinden. Dabei stellt sich die Frage, ob diese bisher gestalteten und zu gestaltenden Gebäude ihre Imagination ihre Energie auch ohne den Betrachter auslösen können.

Physikalischer Urknall

In der Architektur, in der Musik hat mich immer fasziniert, worauf sich die Fachgebiete gründen. Wo liegt der Ursprung, der Anfang? Jeder Musiker jeder Architekt kennt für sich verschiedene Antworten. In der Musik ist es für mich die Obertonreihe, der Ton und der Swing, also vorwiegend eine Auseinandersetzung mit der Zeit. In der Architektur waren es zuerst die Begriffe "less is more oder form follows function". Heute ergänzt durch gewachsene und gedachte Stadtstrukturen und die Erhaltung von Baukunst im engsten Umfeld. Eine wesentliche Grundlage der Architektur ist der Raum, durch den Architektur erst erlebbar, erst sichtbar wird. Materie, Raum und Zeit ergänzen meine vorgenannten Grundlagen, um Architektur überhaupt zu verstehen. Wer sich heutzutage mit Raum, Materie und Zeit beschäftigen will, kommt unweigerlich zur Physik, zur speziellen und allgemeinen Relativitätstheorie und zur Quantentheorie und damit zur Teilchenphysik. Dies sind sicherlich die heutigen Fundamente der Physik, mit denen sich die Physiker beschäftigen. Ich bin Autodidakt und bestimmt noch Laie der Physik und es wäre vermessen zu behaupten, diese Theorien voll verstanden zu haben. Dass aber bei Lichtgeschwindigkeit die Masse zunimmt, die Zeit sich dehnt und der Raum sich verkürzt, ist doch eine Aussage dieser Theorien. In der Mikrowelt ist ein Teilchen von einer Welle nicht mehr zu unterscheiden, da der Beobachter wesentlichen Einfluss ausübt. Diese Theorien sind beeindruckend formuliert durch die Giganten des Denkens wie z.B. Albert Einstein und Max Planck, die für die moderne Physik den Grundstein legten. Wie ist aber der Anfang, dort wo alles begann? Auf was gründet alles? Um darzustellen, wie die heutige Physik den Anfang des Universum sieht, möchte ich aus verschiedenen Büchern, die jeweilige Formulierung als Grundlage für meine Überlegungen darstellen.

Goldmann Lexikon
„Die Astrophysiker glauben, daß vor etwa 18 Milliarden Jahren das Universum in einem Urknall entstanden ist und seither expandiert. Man arbeitet sogar mit Modellen, die sich mit Zuständen zu einer Zeit $10^{-45}s$ nach dem Urknall befassen, bei der das Universum nur ein Milliardstel des Durchmessers eines Atomkerns gehabt haben soll. Es ist aber wohl so, daß der Urknall mit unseren heutigen physikalischen Gesetzen nicht zu

fassen ist, ja daß nicht einmal die Grundbegriffe, in denen die Physik heute denkt, auf diese Vorgänge anwendbar sind. Insbesondere die Zeit bedarf dringend einer neuen Begründung, um überhaupt Aussagen über den Urknall machen zu können."

Harald Fritsch in - Die verbogene Raum- Zeit -
„In einem Raumgebiet etwa von der Größe eines Tausendstel eines Atomkerns erzeugt man Verhältnisse, wie sie bei der Entstehung des Kosmos geherrscht haben."

Dieter B. Herrmann in – Antimaterie –
„Vor einer berechenbaren Zeit, die etwa 15 Milliarden Jahre in der Vergangenheit liegt, war alle Masse des Universums in einem einzigen Punkt vereinigt, herrschten unendliche Dichte und Temperatur."

Sidney Perkowitz in - Eine kurze Geschichte des Lichts –
„Stellen wir uns also einen dunklen und leblosen Augenblick vor etwa 15 Milliarden Jahren vor, einen Augenblick des Wartens, und dann die ....die ungeheure Eruption, die wir als Urknall bezeichnen."

John Gribbin in „Schrödingers Katze"
In der klassischen Welt hat alles seine Ursache. Man kann die Ursache eines Ereignisses zeitlich zurückverfolgen und die Ursache der Ursache finden, und weiter die Ursache dieser Ursache, bis zurück zum Urknall (falls man Kosmologe ist) oder, falls man das religiöse Modell vorzieht, bis zum Moment der Schöpfung."

Pedro Waloschek in - Neuere Teilchenphysik- Einfach dargestellt –
„Es ist dadurch möglich geworden, die Entwicklungen kurz nach dem Urknall wesentlich genauer zu verstehen."

Stephen Hawking,Roger Penrose in – Raum und Zeit –
„Das einfachste Szenario, das mit unseren Beobachtungen konsistent ist, nennt man das Modell vom `heißen Urknall`. In diesem Modell beginnt das Universum bei einer Singularität, die mit Strahlung bei unendlich großer Temperatur gefüllt ist.

Wähernd es expandiert, kühlt sich die Strahlung ab, und seine Energiedichte sinkt."

Frank Groteläschen in – Der Klang der Superstrings _

„0 Sekunden; unendlich heiß: alle Materie ist in einem Punkt vereint.

10^{-43} Sekunden; 10^{32} Grad: die Schwerkraft koppelt sich vom restlichen Geschehen ab.

10^{-35} Sekunden; 10^{28} Grad: die starke Kraft koppelt sich ab, Matreie dominiert über Antmaterie"

Urton

Etwas unendlich Heißes, wie vorher erwähnt, müsste ja mit einer unendlichen Energie verbunden sein. Wo wäre aber heute diese restliche Energie des Unendlichen, denn bei einer Masse von rund 10^{53} kg ist ja auch die Energie des heutigen Universum begrenzt. Dies war eine der Fragen, die ich bei den einzelnen Definitionen für mich stellte und selbst eine Antwort suchte.

Meine Frau behauptet immer, meine Lieblingsbeschäftigung sei das Fernsehen. Dies stimmt vordergründig, denn ich kann dabei sehr gut entspannen und manche Idee kommt aus dem „Nichts". Ich dachte gerade darüber nach, warum sich die alte Erkenntnis auch bei mir bewahrheitet, dass im Alter die Zeit schneller vorbei geht, als wenn man jung ist. Mir kam die Idee, dass Zeit etwas wiegt und wir diese Zeit im Alter verlieren. Durch den Zeitmassenverlust läuft die Zeit schneller. Dies war der Ansatz. Dieser Ansatz führte jedoch bis jetzt noch zu keinem Ergebnis. Warum gibt es verschiedene Kunststile und warum werden die Zeitintervalle immer kürzer? Wird dies gesteuert und sind die Künstler nur Ausführende? Die Idee, dass sich die Gravitationskonstante unmerklich ändert und die Künstler dies aufnehmen in ihren Werken, da sie wahrscheinlich die empfindsamsten Menschen sind, ließ mich nicht los. Warum stehen Generationen vor dem Kölner Dom, der Akropolis, vor dem David in Florenz? Haben diese Kunstwerke eine spezielle formale Energie?

Unsere Tochter wurde, bis sie 16 Jahre alt war, mit homöopathischen Mitteln behandelt. Die stärkste Dosis war D 30, die sie einnahm. Die stärkste Dosis in der Homöophatie beträgt $1/10^{1000}$. Diese Verdünnung ist weit jenseits dessen, als dass man irgend etwas nachweisen könnte, das man mit Materie oder eines Wirkstoffes in Verbindung bringen könnte. Und doch glaube ich an diese Medikamente und zwar deshalb, weil sie unsere Tochter über einen langen Zeitraum gesund gehalten hat.

Der Mensch ist für mich das empfindlichste Messgerät und zwar, als Ganzes, ein Messgerät. Längst sind noch nicht alle Sinne in ihm erkannt. Wie erklären wir z.b. das „Verliebt sein?" Ein Blick und wir wissen, dass wir ein Leben lang zusammen bleiben wollen. Wer sagt uns das?

Meine Frau sitzt vor dem Fernseher und schaut ihre „Lieblingssendung". Plötzlich sehe ich, wie sie sich eine Träne aus dem Auge wischt. Unweigerlich wollte ich wissen was da wirkt?
Zuerst war das Bild zu bewerten. Handelte es sich um ein reelles Bild, so wie meine Frau neben mir, oder das Sofa, auf dem ich lag. Das Fernsehbild war in keiner Weise ein reelles Bild, sondern es war ein Bild, wie wir uns die Realität vorstellen sollten. Es war deshalb für mich ein Imaginationsbild (i), ein sich vorzustellendes Bild. Weiter, wie lange dauert die Bildinformation bis sie in meinem Auge ist (t)? Und, wie schnell wird die Bildinformation übertragen (v)? Zum Bild kamen der Faktor Zeit und der Faktor Geschwindigkeit! Warum bekommt meine Frau eine Träne ins Auge? Wovon wird sie angezogen? Was sind anziehende physikalischen Größen. Die ungeheuer kleine Gravitationskonstante ließ mich jedoch nicht davon abbringen diese Größe (y) in meine Überlegungen aufzunehmen, denn ich dachte an die Homöophatie und an die kleinen Massen des Fernseher und meiner Frau, die ja auch wirkten.

Damit war die eine Seite einer Gleichung formuliert $v*t*y*i$. Stellen Sie sich vor, Sie sitzen auf dem Sofa und blicken zum Fernseher. Sie haben die Zeit in der die Information zu Ihnen kommt. Sie haben die Geschwindigkeit, die Anziehung und das Bild. Was fehlt, damit sie überhaupt Fernsehen schauen können? Das ist der Raum bzw. das Volumen, durch den Sie schauen können.

Meine Formel lautet

$v * t * y * i = V$

Natürlich ist unser Zimmer ein Raum und hat ein Volumen. Was ist aber Raum und was ist ein Volumen? Denn auch im intergalaktischen Raum gibt es noch eine Winzigkeit an Masse, im Volumen gibt es aber mathematisch 0 Materie. Die Relativitätstheorie spricht von einem leeren Raum, damit die Lichtgeschwindigkeit ihre Größe annimmt.

Was für mich Raum, Volumen und was es mit dem Nichts zu tun hat möchte ich in den drei folgenden Gedankenexperimenten darstellen.

1. Gedankenexperiment

Wir nehmen einen Schuhkarton und denken ihn uns leer. Und zwar so leer, dass „Nichts (01)" (a.) drin ist. Daraufhin nehmen wir irgend ein Stück Materie, z.b. einen Stein oder ein Blatt. Zur Veranschaulichung nehmen wir einen Materiewürfel und stellen ihn in das „Nichts 01" (b.). Es entsteht das „Nichts 02". Wir lassen flüssigen Gips als erstarrten Raum in das „Nichts" fließen und umschließen den Würfel damit. Das „Nichts 02" verschwindet (c.). Wir entnehmen den Würfel und erhalten den Raum einmal mit „Nichts 03" und das andere Mal mit einer Negativform der Materie, in diesem Falle des Würfel (d.). Hier beginnt Welt 1 + 2. Welt 1 und Welt 2 existieren ohne Beobachter. Die Dualität (1+2) entsteht durch das Entfernen der Materie, indem einerseits das Nichts 03 vorhanden ist und andererseits eine Negativform der Materie. Entfernen wir noch den Raum so erhalten wir für die Negativform das Nichts (e.), die mit dem Raum verschwunden ist . Das „Nichts 01-03" unterscheidet sich in der Größe.

Bild 60

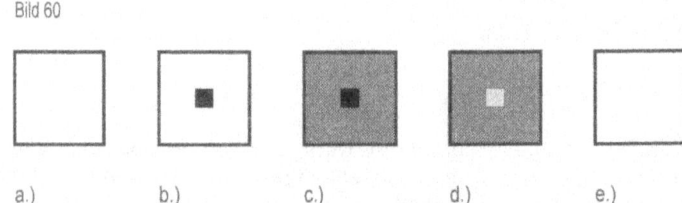

a.)　　b.)　　c.)　　d.)　　e.)

a.) 01　　　　　　　Beginn mit Nichts 01

b.) 02 + m = m　　　Nichts02 + Materie = Materie

c.) m + V = m + V　　Materie + Raum = Materie + Raum

d.) 03 + V= V + Fm　Nichts03 + Raum = Raum + Form　　W1 + W2

e.) 03 = Fm　　　　Nichts 03 = Formmaterie

Dieses Gedankenexperiment veranschaulicht das Nichts, das übrig bleibt, wenn wir die Materie, also die Architektur und den zugehörigen Raum, entfernen. Dies ist leicht daran zu erkennen, dass wir Erinnerungen einfach vergessen können. Es bleibt das Nichts. Ein Gebäude in einer Stadt wird abgebrochen und wir können uns mit aller Anstrengung nicht mehr an dieses Gebäude erinnern.

Die Frage ist jedoch, ob der absolute Beginn mit Nichts beginnt bzw. begann. Das zweite Gedankenexperiment beginnt deshalb mit einem Etwas.

2. Gedankenexperiment

Denken wir uns aber anstelle des „Nichts", das im Schuhkarton ist, etwas das **raum- und materielos** ist, also Etwas (f.). Wir nehmen wieder ein Stück Materie, einen Würfel, und stellen Ihn zu dem Etwas (g.). Ebenso verhält es sich mit dem Raum, wenn wir ihn hinzufügen (h.). Auch hier verschwindet das Nichts mit dem Hinzufügen des Raumes und der Materie. Wie bei der Welt 1+2 erhalten wir durch das Entfernen der Materie einen Raum mit einer Negativform, diesmal aber mit einem Etwas (i.). Entfernen wir den Raum, so verschwindet die Negativform und das Etwas als materie- und raumloses bleibt, z.B. der Positivabdruck der Materie oder eine Erinnerung an dieselbe (j.). Die Dualität ist wieder aufgehoben und es existiert eines, nämlich die Erinnerung an diesen Materieabdruck (Fm`).

Bild 61

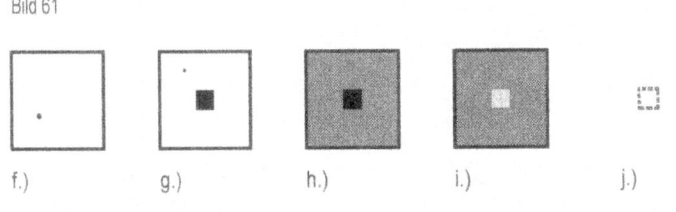

f.)   g.)   h.)   i.)   j.)

f.) X1   Etwas 1

g.) X2 + m = m   Etwas 2 + Materie = Materie

h.) m + V = m + V   Materie + Raum = Materie+ Raum

i.) X3 + V = V + Fm   Etwas 3 + Raum = Raum + Form   W1 + W2

j.) X3 =   Fm`   Etwas 3 = Imaginationsbild

Ein solches Imaginationsbild tragen wir alle mit uns. Man erinnert sich an die Jugend, an einen speziellen Traum oder an einen bestimmten Ort, eine verstorbene Person etc.
Manchmal gibt es auch Vorstellungen die wir im Nachhinein für nicht real halten.

Wir halten diese Bilder für materie- und raumlos. Sie sind Imagination.

Solche Bilder kann man herstellen, indem geometrische Figurationen uns täuschen bzw. uns etwas vortäuschen. Es gibt zahlreiche optische Täuschungen, z.B. die Abbildungen Vase und Gesicht, Neckerwürfel oder auch ein Sechseck. Getäuscht werden wir aber auch durch ein Fernsehbild, wenn wir uns zu sehr auf das Bild einlassen. Auch in der realen Welt können wir uns täuschen.

3. Gedankenexperiment

Um eine gewisse Größe für dieses Raum- und Materielose dieses vorgenannte Etwas zu erhalten, soll folgendes gelten. Auf der einen Seite einer Gleichung denken wir uns einen unendlichen Raum (k.) und eine unendliche Materie (l.) und auf der anderen Seite denken wir uns einen unendlichen Raum mit einem kleinen Sandkorn (m.) und eine unendliche Materie mit einem kleinen Sandkornraum (n.). Im Verhältnis gesehen entsprechen sich Raum bzw. Materie, dem Raum mit sehr kleiner Materie und der Materie mit sehr kleinem Raum. Durch die Entfernung von Raum und Materie bleibt deshalb das Materielose (Sandkorn) und das Raumlose (Sandkornraum) (o.) übrig, wenn wir die Gleichung entsprechend auflösen. Zweifel an der Größe des Sandkorn bzw. dem Sandkornraum und damit dem Raum- und Materielosen im Verhältnis zum Unendlichen bzw. einer großen Endlichkeit beheben wir, in dem wir uns anstelle der Sandkorngröße die Plankschen Größen vorstellen.

Bild 62

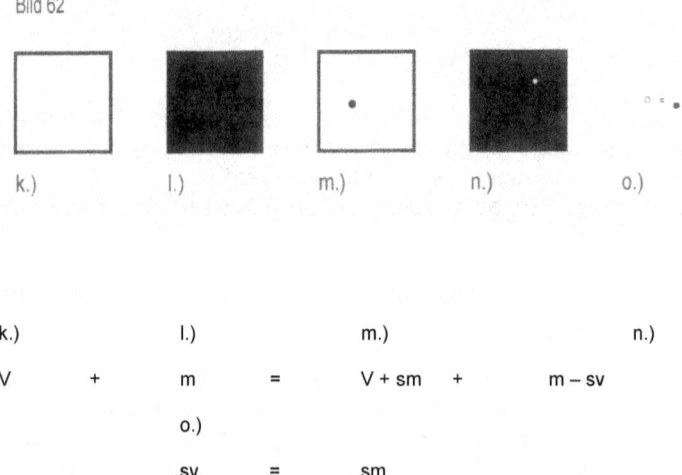

k.)	l.)	m.)	n.)
V	+ m	= V + sm +	m – sv

o.)

sv = sm

- **Wenn Raum Masse ist, dann existiert nur**
Eines!

Wie schon vorher aufgezeigt, gibt es für die Verwandlung von Materie und Raum, das bedeutet eine Einheit von Materie und Raum, zahlreiche optische Beispiele. Ich nenne diesen Vorgang versitale, also wandlungsfähig.

Aufgezeigt in einem speziellen Würfel, da dieser Würfel <u>für mich</u> in dreifacher Weise zu deuten ist und damit eine Zwischenform besitzt. Ausgangskörper ist ein Würfel, dem ein Würfelausschnitt fehlt, gesehen über die Diagonale von oben (Bild 63).

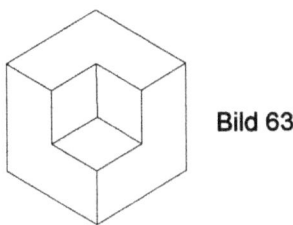

Bild 63

Eine Ansicht (Bild 64)

Bild 64

zeigt die eine der möglichen Betrachtungen (Bild 65),

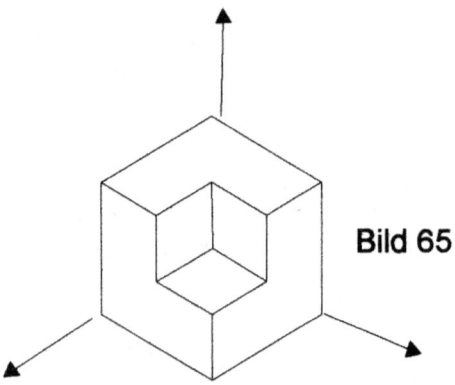

Bild 65

nämlich einen Würfel mit einem Raumausschnitt.

Die andere Möglichkeit als Ansicht von oben (Bild 66)

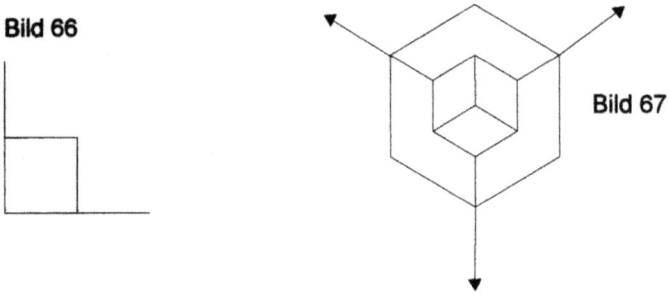

Bild 66

Bild 67

zeigt in der Betrachtung (Bild 67) einen Würfel in einer Raumecke. Wenn man nun die Koordinatensysteme der beiden Betrachtungen, jeweils z.B. dem Raum oder der Materie zuordnet, dann ist dieses Koordinatensystem verdreht.
Bei der dritten Möglichkeit, diese geometrische Form zu betrachten, sehen wir einen verdrehten kleinen Würfel, der vor dem ursprünglichen Würfelausschnitt schwebt (Bild 68).

Bild 68

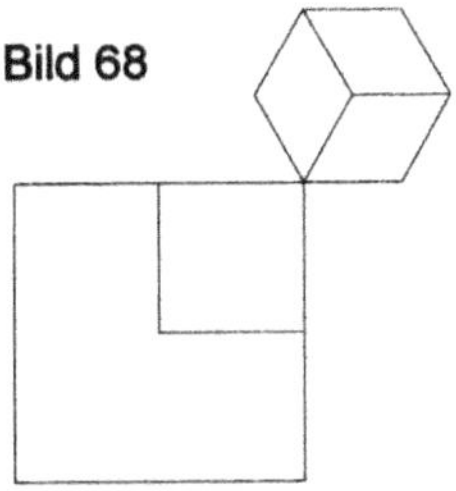

Bei (Bild 69) verschwindet der Raum und wir sehen nur Materie, nämlich den vorschwebenden Würfel und den Hintergrundwürfel:

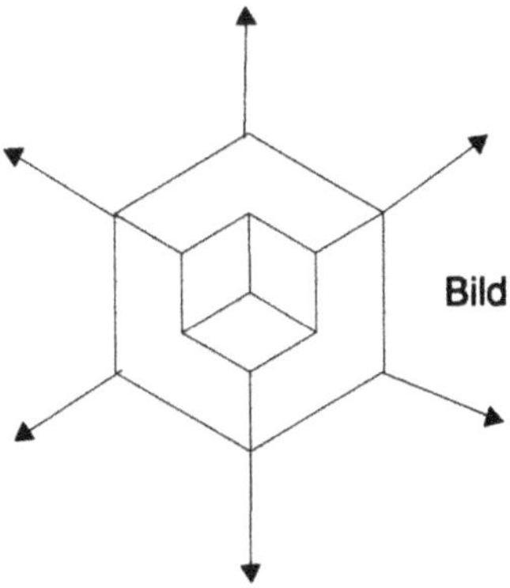

Bild 69

Bringt man die optischen Verdrehungen (Koordinatensysteme) ausgezogen zur Deckung, so ergibt sich ein 6-Eck (Bild 70).

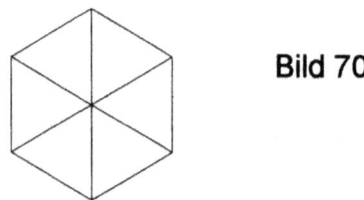

Bild 70

Betrachtet man eine 6-eckige Pyramide von außen und von innen und berücksichtigt man die Wandlung von Raum und Materie, dann ergeben sich 2 Längenbetrachtungen für die Pyramidenspitze, natürlich nur für den Betrachter. Die Differenz der beiden Längen könnte man als Längenimagination definieren (Bild 71).

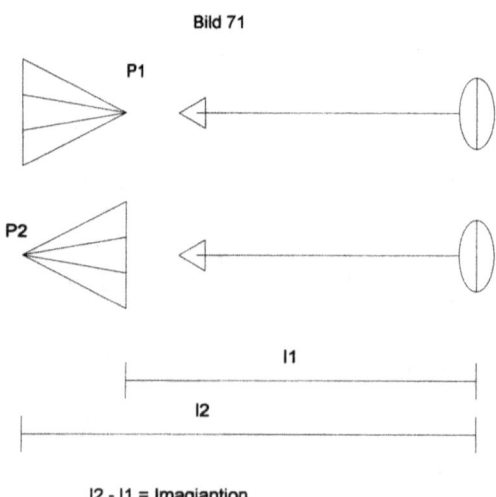

Bild 71

l2 - l1 = Imagiantion

Betrachten wir nochmals das Sechseck, so kann man einen Würfel, einmal von oben und von unten sehen (Bild 72).

Bild 72

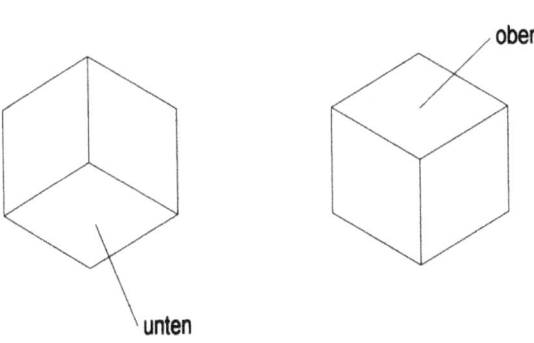

In einem Koordinatensystem, welches den Raum und die Materie berücksichtigt müsste bei einer versitalen Betrachtung das dargestellte System Gültigkeit haben (Bild 73).

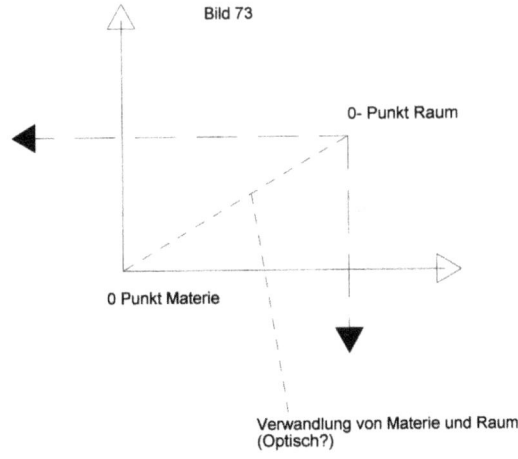

Ob Sie das Sechseck oder den Versitale Cube betrachten, es gibt 1, 2 oder 3 Möglichkeiten Ihn zu betrachten. Lassen Sie keine der imaginären Möglichkeiten zu, dann sehen Sie nur 1 Möglichkeit, die Realität, nämlich so, wie Sie sich uns auch mit den anderen Sinnen erschließt. Bei zwei Möglichkeiten entdecken wir die Imagination einer weiteren Möglichkeit und freuen uns am Schwarz-Weiß Denken, am Gut und Böse und an der 0 und 1. Die dritte Möglichkeit eröffnet uns eine Welt die über Schwarz-Weiß hinausgeht und zum einen mal mehr zum anderen Mal weniger Grau wird.
Es ist immer die Frage, was man sehen will, oder was man sehen kann, wenn man sich den Phänomenen öffnet. Ob mir das gelungen ist wird sich noch zeigen. Ob es allerdings eine Welt ohne Imagination, ohne Wandlung gibt?

Zurück zur Formel.

Wie können wir uns aber dann durch den Raum an die Materie erinnern?

Erinnerung (2. Herleitungsversuch der Gleichung)

Ausgangspunkt meiner Überlegungen war das Wissen, dass in meiner Heimatstadt Villingen, eine eindrucksvolle Stadt aus dem Mittelalter, ein Gebäude vor längerer Zeit abgebrochen wurde und dies noch heute dem größten Teil der Bevölkerung in Erinnerung war und ist.

Gleichzeitig wurden in den letzten Jahren in Villingen zahlreiche andere Gebäude abgebrochen, ohne dass die Bevölkerung sich darüber Gedanken machte. Grob gekennzeichnet läuft eine solche bauliche Erinnerung nach entsprechendem Gedankenexperiment ab.

Stellen wir uns ein Gebäude in irgend einer Stadt vor, das zum Beispiel unter Denkmalschutz steht. Die Bevölkerung hat das Gebäude in ihrem Bewußtsein.

Das Gebäude wird abgebrochen!

Die Bevölkerung erinnert sich an das Gebäude!

Was geschieht im baulichen Sinn ?

Es gilt:

M = Stadtmasse/Materie
V = Stadtraum
gm = Einzelne Gebäudemasse/Materie
gv = Einzelner Gebäuderaum/Volumen

Bei dieser Annahme und der folgenden „Stadtraumformel" müßen wir an die einfache Formel der Musik zurückdenken und uns einen kurzen Augenblick, einen absoluten Stillstand in der Stadt ja im Universum vorstellen.

Gleichungen:

1.) M- gv + V+ gm   = M + V
2.)   - gv + gm   = 0
3.)   gv   = gm m^3 = kg

Raum ist Masse/ Materie ???!!!!

Mit der alltäglichen Beobachtung hat die Gleichung gv=gm jedoch **nichts** zu tun.
Unter Berücksichtigung aber, dass der Stadtraum eine Masse besitzt so wie der interstellare Raum, dass es in Ihm Materie gibt erhalten wir:

4.) gv = kg/m^3; gm= kg

Setzen wir diese beiden Größen ins Verhältnis, so erhalten wir

5.) gm / gv = m^3

Was ist Volumen? Ist da „**nichts**" drin oder ist da „**etwas**" (vergl. Gedankenexperiment 1+2) drin? Bisher sind wir davon ausgegangen, dass unsere Betrachtung nur aus Masse/Materie und dem Raum besteht. Nichts und etwas sind jedoch Größen die sich in Abhängigkeit der Materie ergeben, wie die ersten beiden Gedankenexperimente gezeigt haben.

Nehmen wir 12 kg Wasser. Wieviel Raum/Volumen benötigt dieses Wasser? Es zeigt sich folgende Gleichung:

6.) 12 kg/ 1000 kg/m³ = 0,012 m³

Ist in diesem Raumvolumen noch etwas vorhanden, das über die Masse hinauswirkt oder ist es das Nichts. Wenn es das Nichts ist, wie können wir uns an die Masse/Materie erinnern die abgebrochen bzw. verbraucht wurde? Denn die Masse/Materie würde ja dann sämtliches Raumvolumen für sich benötigen und eine Kommunikation ein Betrachten wäre nicht möglich, weil alle Masse/Materie zusammengeballt wäre. Anstatt diesen Raum Volumen zu nennen, nenne ich ihn Erinnerungsraum/Volumen

Wir erhalten für den Erinnerungsraumvolumen

7.) 1 EgV = gm/gvm = m³ = V

Zum Einen erhalten wir für dieses Erinnerungsraumvolumen einen

„Raumbezug"

und zum Anderen setzt sich der Erinnerungsraum mit einem

„Vorstellungsbezug"

aus folgenden Komponenten zusammen:

- Der Geschwindigkeit der Erinnerungsinformation v
- Der Erinnerungszeit t
- Die Anziehung des Erinnerungsbildes/Form y
- Dem Imaginationsbild/Form des abgebrochenen Gebäudes i

Für das Erinnerungsvolumen (EgV) erhalten wir damit:

8.) $EgV = v * t * y * i = V$

Durch zwei grundsätzlich einfache verschiedene Überlegungen (Fernseher und Gebäude), ergibt sich die besagte Formel.

Da für $V = 4/3\ Pi*r^3 = v*t*y*i$ gilt, sind verschiedene Ableitungen denkbar, deshalb werden alle mir denkbaren, sicherlich nicht alle möglichen Varianten aufgezeigt und in den Tabellen und nachfolgend dargestellt.

1.) Für v*t erhalten wir l und damit
2.) v*t = l
3.) Für i ergibt sich V/l*y und als
4.) Einheit kg*s²/m woraus auch folgt
5.) i = m/a
6.) aus v*t=l ergibt sich
7.) t = l/v
8.) aus t = l/v ergibt sich
9.) 1/t = v/l
10.) aus E = h*v ergibt sich
11.) E1 = h* v/l
12.) Für i = V/l*y
13.) folgt bei *m/ V * l * y /a
14.) i*m*l*y/V*a = m/a
15.) Für m*l*y/V*a = 1 folgt
16.) i = m/a
17.) Für i = m/a folgt
18.) v*t*y*m/a = V Daraus folgt
19.) t = V*a / v*m*y und danach
20.) 1/t = v*m*y/V*a aus Nr.10 folgt
21.) E2 = h*(v*m*y)/(V*a)
22.) Aus Nr. 15 ergibt sich
23.) m = V*a/l*y und unter
24.) E = mc² ergibt sich
25.) E3 = V*a*c²/l*y
26.) Grundgleichung v*t*y*i = V erweitert durch
27.) * m /V /t² * t² ergibt
28.) l*y*i*m*t²/V*t² = m über die Einheit ergibt sich
29.) i*l/t² = m danach
30.) 1/t² = m/i*l aus Nr.12 folgt
31.) 1/t² = m*y/V daraus ergibt sich
32.) 1/t = m *y*t/V aus Nr.10 folgt
33.) E = h*m*y*t / V unter Berücksichtigung der Dichte ergibt sich
34.) E4 = h * r * y * t aufgelöst nach der Zeit
35.) t = E/h*r*y

36.) Aus Nr.5.); 12.) und Nr.16.) ergibt sich
37.) $m/a = V/l*y$ nach
38.) $*a /t^2 /m$ ergibt sich
39.) $1/t^2 = V*a / l*y*t^2*m$ über die Einheit ergibt sich
40.) $1/t^2 = a/l$
41.) $1/t = a*t/l$ aus Nr.10 ergibt sich
42.) E5 = h* a *t / l
43.) Aus Nr.31 folgt
44.) $t^2 = V/m*y$
45.) $t = +- (V/m*y)^{0,5}$
46.) $1/t = 1/ +- (V/m*y)^{0,5}$
47.) E6 = h * 1/+- (V/m*y)^0,5
48.) Aus Nr.44 ergibt sich
49.) $m = V/t^2*y$ aus Nr. 24 folgt
50.) E7 = V*c²/t²*y
51.) Aus $4/3 Pi *r^2 = V$ und Nr.25 ergibt sich
52.) E8 = (4/3 Pi r²) a * c²/ l*y

Ich möchte die Ableitungen nicht weiter kommentieren, und überlasse es dem Leser sie zu Prüfen. Die beiden Gleichungen zur Zeit (Nr.35 und Nr.45) sind für mich jedoch bedeutsam. Wenn wir an die Zeit denken, dann löst es bei nachdenklichen Menschen oft die Verbindung zum Tode hervor. Wir nehmen auch den Wechsel von Tag und Nacht wahr und die Jahre vergehen vermeintlich immer schneller. Die Uhren zeigen uns noch genauer an, wann eine Stunde oder eine Minute vergangen ist. Bis um die Jahre 1905-1915 floss die Zeit kontinuierlich und sie war eine absolute Größe, da sie für sich eigenständig war. Danach ist die Zeit mit dem Raum und der Geschwindigkeit verbunden worden. Je schneller eine Bewegung z.B. , um so mehr dehnt sich die Zeit. Für mich ist die Zeit etwas, das vorwärts und zu gegebener „Beschleunigung" rückwärts läuft im Universum. Vorwärts läuft die Zeit, wenn sich das Universum ausdehnt und die Beschleunigung eine größere Wirkung erzielt als die Gravitation. Rückwärts läuft die Zeit, wenn sich das Universum zusammenzieht und die beiden Größen sich umgekehrt verhalten. Bezüglich der Aussage, dass die Beschleunigung größer sein muss als die Gravitation, ergibt sich aus der Grundgleichung:

$V/l*y = m/a$ danach
$a/y = m*l/V$ gekürzt
$a/y = m/F$ und (F = Fläche)

1.) $a < y^*m/F$
2.) $a > y^*m/F$

Da es sich bei y um eine Konstante handelt, sind nur die beiden Größen der Masse und der Fläche für eine Änderung der Beschleunigung verantwortlich. Diese Größen müssen in einem bestimmten Verhältnis stehen um diese Konstante zu gewährleisten. Aus der Gleichung
$a/y = m/F$
folgt bei der heutigen Sequenz N.), dass die Beschleunigung zur Gravitation ein Verhältnis von
7,124 ^-22 kg/m² besitzen sollte. Dies bedeutet, dass die „Beschleunigungsmasse" auf der „Gravitationsfläche" mit dem oben genannten Betrag „lastet".
In der Anlage habe ich einige Sequenzen „meiner" Entstehung des Weltalls dargestellt, dabei ist die Beschleunigung zumindest am Anfang, zweite Sequenz, von entscheidender Bedeutung. Ein mir bekannter Mathematikprofessor teilte mir auf Anfrage mit, dass es zur Zeit keine Tabellenkalkulation auf dem Markt gibt, die Potenzen bis 1000 rechnen kann. Deshalb eine kurze Erklärung, die man anhand einer Tabellenkalkulation mit den vorgenannten Bedingungen besser erklären hätte können. Wie schon vorher genannt ist für mich der Mensch als Maßstab gültig. Er nimmt etwas auf, das bis auf eine Verdünnung von 1/ 10^1000 herstellbar ist und in ihm wirkt. Und dies in der Homöphatie.

Zwischen der Sequenz A.) und B.) liegt ein vermeintlicher Stillstand des „Etwas" und einer ersten Bewegung, die zur Lichtgeschwindigkeit führt. Diese Zunahme der Geschwindigkeit bedingt die ungeheuere Beschleunigung, die in den folgenden Sequenzen (B-N) abnimmt. Würde man die Geschwindigkeit langsam beginnen, dann wäre eine derart hohe Beschleunigung geglättet, wenn man die Geschwindigkeit bis zu einer Sekunde langsam erhöht. Allerdings entsteht ja die Geschwindigkeit (Licht, möglicher Photonenzerfall) unmittelbar, wie ich annehme, weshalb ich vorerst bei der unmittelbaren Geschwindigkeitsausbreitung bleibe in der ersten Sekunde und damit der Auffassung bin, dass für die erste Sekunde die Konstanz der Lichtgeschwindigkeit nicht gilt, bzw. dass eine Beschleunigung vorliegt die eine weitaus höhere Geschwindigkeit ermöglicht. Bei einer Glättung der Geschwindigkeit (fehlende Tabellenkalkulation?) ergibt sich wahrscheinlich kein Urknall.

Anhand der Beschreibung dreier Sequenzen möchte ich mein kleines Weltbild darstellen, wie ich mir das Universum und speziell den Anfang vorstelle und vor allen Dingen, wie sich dieses Ergebnis aus dieser Formel ergibt.
Aus den weiteren beigelegten Sequenzen können Sie entnehmen wie sich vor allen Dingen die Masse und der Raum entwickelt, wie sich Energien verwandeln und wie die Beschleunigung abnimmt. Hier wurde noch nicht der Energieerhaltungssatz in jeder Sequenz eingehalten, sondern nur die Anfangsenergie, die der heutigen Energie im wesentlichen entspricht. Auf unserer Homepage (BFHettich@gmx.de), auf der die Entwicklung dieser Formel dargestellt ist, habe ich auch versucht in jeder Sequenz eine gleich große Energie darzustellen.
Beginnen möchte ich mit der Sequenz N.) der Erinnerung an das heutige Universum, also mit der Gegenwart, mit dem Heute, rund 20 Milliarden Jahre nach dem physikalischen Urknall. Manche Physiker rechnen mit 13,5 Milliarden Jahren, andere mit 15 Milliarden Jahren. Nach Harald Fritsch sind es 20 Milliarden Jahre seit es unser Universum gibt. 20 Milliarden Jahre entsprechen $6,3072^{17}$ Sekunden. Eine Zahl mit 17 Stellen. Die Masse des Universum beträgt rund 10^{53} kg. Was für eine ungeheure Größenordnung sich hinter dieser Zahl verbirgt, ermitteln Sie dadurch, dass Sie die Masse unserer Milchstraße nehmen und Sie von der Masse unseres Universum abziehen. Beobachten Sie ab wann sich an dieser Zahl irgend etwas ändert. Das Gleiche trifft zu beim Volumen unseres Universums das mit rund 10^{78} m³ durch das Standardmodell beziffert wird. Die mittlere Dichte beträgt demnach rund 10^{-26} kg/m³. Unter mittlerer Dichte versteht man, dass die Masse der Galaxien, also ihre Atome, gleichmäßig im Raum verteilt wären. Auch der Durchmesser mit rund 10^{26} m stimmt mit den Angaben des Standardmodell überein. Die Lichtgeschwindigkeit wird von mir, wie bei der Dichte als die meist vorkommende Geschwindigkeit im Universum eingeschätzt. Dagegen sind die Geschwindigkeiten der Galaxien, auch z.B. unser Planetensystem unbedeutend gegenüber der ungeheuer großen Anzahl von Photonen die sich im Weltraum befinden bzw. die sich mit Lichtgeschwindigkeit bewegen.

Diese durch das Standardmodell vorgegebenen Größenordnungen werden durch die von mir gefundene Formel wiedergegeben und zwar zum heutigen Zeitpunkt. Es sind zwar wenige, aber für mich die Bedeutendsten. Geht man anhand dieser Formel zurück in der Zeit, kommt man zu einem Punkt, der durch das Standardmodell als Urknall, abgeleitet von mir durch die enorme Beschleunigung, definiert wird.

Die Berechnungen aus der Formel führen in der Sequenz B.) mit der Zeit 10^{-80}s zu einer gewaltigen Beschleunigung. Die Massenzunahme bis zu einer Sekunde ist enorm. Zwischen dem ruhenden Universum, Sequenz A.) und der ersten Bewegung, Sequenz B.) liegt das Auftreten des Lichts wahrscheinlich durch den Zerfall des Urteilchens (Photon, Graviton?).

Die Zeit vor diesem Urknall ist für mich jedoch am spannendsten. Das Standardmodell weist auf einen Anfang den Urknall. Die Formel lässt jedoch noch eine andere Möglichkeit zu. Wenn Sie nun die Sequenz A.) zur Zeit 10^{-104} s aus dem Anhang betrachten, dann zeigt sich folgendes. Betrachten Sie hier nochmals das Schaubild der Obertonreihe aus dem Kapitel Musik! Denn die Abstände werden immer geringer und zu jedem sich bildenden Frequenzton gehört ein Oberton, wieviel Obertöne gibt es, wie bereits gefragt, beim Urknall. Zwar sind wir in der Zeit, jedoch ist 1/s auch als Frequenz zu deuten. Die heutigen Physiker gehen davon aus, dass sich vor der Planckzeit 10^{-44} s keine sinnvollen Ergebnisse erzielen und bezüglich vor dem Urknall auch keine ermitteln lassen.

Im ruhenden Universum gibt es zwei Zeiten. Einmal die Zeit des „sterbenden" Universum und einmal die Zeit **des** „letzten **Teilchens**", das zum Urteilchen verkümmert und fast bewegungslos ist und darauf wartet zu zerfallen. Der Zerfall dieses Teilchens führt zu einem neuen Universum. Der Zeitraum wann dies geschieht unterliegt den Quantenbedingungen. Da ich nicht weiß, wie lange ein Photon unter diesen extremen Bedingungen leben kann, habe ich für die Möglichkeit des „Sterbens und Wiedererstehens" des Universum den Kehrwert der Zeit aus der Sequenz A.) für die Verweildauer des Urteilchens eingesetzt. Zusammen mit der Plancklänge ergibt sich die maximale Geschwindigkeit des Teilchens im ruhenden Universum. Dieses „Etwas", das Nichts der herkömmlichen Betrachtung aus Masse Volumen etc. verbunden mit einer ungeheueren puren Energie ist für mich der Urton. Dieser Urton kann plötzlich in Bewegung geraten und zum Urknall führen. Der

Urton liegt vor dem Urknall über einem undefinierbaren kurzen oder langen Zeitraum.
Die Formel führt jedoch zu einem „Nichts" im herkömmlichen Sinn. Masse, Volumen, Länge, Zeit etc. sind nur in Größenordnungen vorhanden, die weit jenseits dessen liegen, was heute in irgend einer Form nachweisbar wäre, sich jedoch im homöphatischen Bereich befinden und damit auf den Menschen wirken können.
Und doch ergibt sich eine Energie, die der heutigen in etwa entspricht. Diese Energie ist konzentriert in diesem herkömmlichen Nichts und wird damit zum Etwas. Die heutige Masse von 10^{53}kg des Universum hat sich aus einer Masse von $3,17 * 10^{-507}$kg entwickelt, durch eine ungeheuere Beschleunigung aus der Sequenz A.) begonnen zur Sequenz B.) durch das Auftreten der Lichtgeschwindigkeit mit extremer Energie. Was ist das für eine Energie? Wenn wir uns nicht die Ausdehnung des Universum denken sondern ein Zusammenziehen, dann wird doch Masse zu Raum und umgekehrt. Was passiert mit dem David in Florenz, der Akropolis in Athen, dem Kölner Dom etc.? Wo sind diese Formen? Wird aus Form Energie? Ist Geometrie Energie? Ist Ordnung Energie? Bergen diese Zustände Energie?
Schauen wir zur heutigen Sequenz N.) zum Heute anhand der Formel (Tabellennummer 17 und folgende) , was aus dieser Energie des Urtons geworden ist. Ist das die Energie eines Urteilchens oder vielleicht eines Photons, oder ein Graviton? Sehen wir beim Betrachten eines Sechsecks die Zeit, die uns unmittelbar durch ein Photon die Gegenwart und die Vergangenheit zeigt?
Was ist mit der Temperatur? Was mit den unterschiedlichen Geschwindigkeiten von Raum (Licht) und Masse? Dies sind alles Fragen die es noch zu beantworten gilt.
Für mich stellt sich eine zentrale Frage: Die Energie am Anfang muss doch der Energie entsprechen, die sich am Kulminationspunkt einstellt. Woher weiß das Universum, welche Energie beim Punkt des Zusammenziehens benötigt wird?
In einer Fernsehsendung über Stephen Hawking, einem heutigen Giganten des physikalischen Denkens, führt dieser aus, dass er nicht an einen Schöpfungsakt glaubt.
Nun, wenn ich meiner Formel vertraue, dann glaube ich, dass es einen Schöpfungsakt gegeben hat, denn Energie ist am Anfang und am Umkehrpunkt vorhanden.

Die Energie am Anfang gleicht jedoch eher einer geistig-formalen, einer geometrischen Struktur, wobei heute die Massenenergie vermutlich vorherrscht. Woher aber diese gesamte Wandlungsenergie kam, kann für mich bis jetzt nur durch einen Schöpfungsakt erklärt werden.

Nachwort

Vordergründig schließt sich die Tätigkeit eines Architekten mit der Findung einer physikalischen Formel aus, sollte es eine sein. Doch jeder Architekt sucht insgeheim nach seiner architektonischen Formel, seinem oder einem Stil. Griechische Tempel oder gotische Kathedralen sind architektonische Formeln ihrer Zeit. Kopiert, verändert, moduliert, doch blieben sie als Ganzes bis heute erkennbar.
Ich habe diese Formel gefunden und mir sagt sie dies in Auszügen, was ich Ihnen in wenigen Worten versucht habe zu erläutern. Ich glaube an Sie sonst hätte ich Sie nicht veröffentlicht. Ob diese Formel wahr ist, kann ich nur anhand der sich im Anhang befindenden Sequenzen abschätzen, weshalb ich auch dieses Büchlein geschrieben habe. Es ist aber auch denkbar, dass durch eine einfache Überlegung das kleine Formelgebäude zusammenstürzt. Dann stehe ich allein mit Ihnen, da Sie dieses Büchlein gekauft haben und Sie, lieber Käufer, haben dann nur ein Science-Fiction-Produkt in den Händen, das versucht hat, die Zeit vor dem Urknall zu beschreiben, was meines Wissens physikalisch noch nicht geschehen ist. Dies wäre dann immerhin auch etwas und Ich wäre als Suchender nicht mehr allein mit dem Urton.
Es ist aber auch denkbar, dass an dieser Formel etwas „Wahres" ist und nur Spezialisten den wahren Kern entdecken und weiterentwickeln können. Dann wäre es unverantwortlich, diese Formel anderen vorzuenthalten und alleine diese Formel weiterentwickeln zu wollen. Denn im Prinzip geht es nur um diese Formel

$$v*t*y*i=V$$

$$v*t=I$$
$$i=m/a$$
$$i=V/I*y$$

Alles andere ist Beiwerk. Mein Beiwerk zu dieser Formel speist sich aus der Architektur, der Musik ein wenig Malerei und ein wenig Philosophie. Gehen wir zurück zur Obertonreihe und verbinden diese gedanklich mit dem Anfang des Urton, so schreiten wir gegen eine Null-Zeit. Ob sie je erreicht wird ist für mich noch offen. Was sagt uns die Ansicht des Kölner Dom und der kleine verfallene Kiosk in Portugal aus dem Abschnitt Architektur. Jede aufrecht zu erhaltende Ordnung bedarf einer Energie. Um Ordnung zu erkennen, bedarf es dem Wissen verschiedener Ordnungssysteme. Euklidsche Geometrie gegenüber Stadtgeometrien, Naturgeometrien wie Bachläufe, Bäume alle dies Formen manifestieren sich in der Architektur, im Städtebau und in der Kunst. Am Anfang war es jedoch reine Geometrie, pure Form.

Zu Beginn dieser Betrachtung stand ein Blick in den Fernseher, verbunden mit einer Träne im Auge. Jeder Physiker der dieses Büchlein ganz gelesen hat, hat sicher innerlich geschmunzelt.

Doch wohin wir auch blicken, wir sehen zurück in die Vergangenheit, wir erinnern uns. Jedes Quant das wir wahrnehmen, kann nicht mehr zum nächsten Urknall führen. Auch Auslöser zum Zusammenziehen des Universum wird nach meiner Auffassung ein Quant sein, das nach einer langen Zeit des unmerklichen Gleichgewichts zwischen der Beschleunigung und der Gravitation eine uns nicht bekannte Episode des Universum einleiten wird.

Mir ist klar, dass eine Bestätigung dieser Ergebnisse sich schwierig gestaltet. Aber ein Überbleibsel des Urknall ist doch die Hintergrundstrahlung. Würde man an dieser Strahlung eine Form der Beschleunigung entdecken, dann wäre dies ein erster Hinweis. Oder warum fliegen die Galaxien um so schneller je weiter sie entfernt sind etc.

Die Entwicklungsreihe dieser Formel, habe ich auf meiner Homepage versucht darzustellen. Ergänzend fanden Anwendungen am Doppelspalt der Uni- München zu Formelergebnissen, die diesen eventuell erklären könnten.
Ebenso bin ich der Auffassung, dass diese Gleichung mit den drei Naturkonstanten (e,h,y) darzustellen wäre. Oder gab es wirklich

einen Urknall? Kann man für die Ergebnisse der Formel eine Theorie formulieren? Wenn ich natürlich nur für mich vorgreifen darf, dann wäre dies eine Theorie „Vom Einen in der Wandlung". Aber dies bräuchte Zeit und zwar anhaltend.

Ob eine solche Rechnung auf den beiliegenden Tabellenblätter ausreicht um diese Formel in irgend einer Form endgültig zu beweisen, möchte ich nicht behaupten, doch ist Sie zumindest ein Anhaltspunkt sich mit ihr zu beschäftigen. Dazu habe ich die einzelnen Schritte der Tabelle im Anhang in der Sequenz B.) erläutert. Wichtig ist dabei, dass wenn man z.b. eine Sekunde eingibt, dass man sich dann eine Sekunde nach dem Urton befindet. Bei der Sequenz B-K wird die Lichtgeschwindigkeit eingesetzt. Die Sequenz A wird mit der kleinstmöglichen Geschwindigkeit angegeben. Ein Stillstand. Eine Ruhe, eine Stille mit ungeheuerer Energie, einen Ton den man nicht hört, aber spürt.

Unter dieser Berücksichtigung ergibt sich das Weitere, hoffentlich auch für Sie.

Nochmals kurz zurück zum Fernsehbild und der Träne meiner Frau. Wenn wir uns das Fernsehbild als gleichmäßige Verteilung im Raum betrachten, dann ergibt sich Bild 74 in einer Abfolge von Sequenzen. Natürlich gilt dies nur wenn es
am Anfang auch einen Fernseher gab.

Bild 74

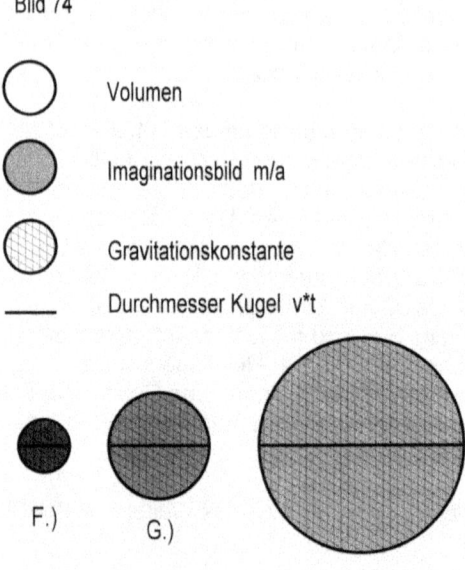

Sequenzen F,G,H unmasstäblich

Denn nur eine derartige Zunahme in Bezug auf die Masse und das Volumen ist für den Anfang zu verzeichnen. Das Bild 74 verdeutlicht die Sequenzen F,G, und H, jedoch unmaßstäblich. Das Schaubild zeigt aber auch gleichzeitig die Einfachheit dieser Formel, aus den Bestandteilen des Volumens, der Geschwindigkeit, der Zeit und dem Imaginationsbild. Ein Mensch, ein Fernseher etc. ist mit dieser Formel noch nicht zu beschreiben, nicht einmal die Galaxien oder Planeten.
Diese Formel entstammt einer Idee. Ähnlich einem Architekturentwurf, der sich aus den Teilen des Raumprogramm speist und der durch ein Intensives Suchen nach der vollkommenen Form zu einem Ergebnis führt. Diese Formel wurde genährt aus einigen Teilbereichen meiner Hobby`s,. Die wenigen, für mich aber beeindruckenden Ergebnisse veranlassten mich diese zu veröffentlichen, auch als Autodidakt der Physik. Ob man anhand einer Formel auf die Wirklichkeit schließen kann, hat immer den Charakter der Imagination und damit der Täuschung, oder dem Einen, denn das EINE schließt alles ein. Die Formel gründet ausschließlich auf der Theorie und

läßt jeden praktischen Beweis noch vermissen. Aber mich führte diese Formel ein Stück weiter. Sie hat mir geholfen der Welt ein Stück näher zu sein und zwar am Anfang, am Beginn, beim Urton.

„ Das Auge führt den Menschen in die Welt. Das Ohr führt die Welt in den Menschen." Autor: Mir unbekannt.

Was wichtiger ist, das Hören oder das Sehen, das Riechen, das Schmecken oder das Tasten, ist wohl abhängig von der jeweiligen Situation, in der wir gerade sind. Insgesamt ist es die Wahrnehmung in der einmal das eine oder das andere vorherrscht. In der Musik kann sich die Stille auch auf eine Pause beschränken und damit zum wesentlichsten Faktor eines Musikstückes werden. Das Erscheinungsbild einer gotischen Kathedrale wird auch spürbar, wenn z.B. über die gregorianischen Gesänge und die Akustik der Kirche die gesungenen Obertonreihen spürbar werden und zu Imagination verleiten.
Auf eines möchte ich noch hinweisen. Die Einheit des Imaginationsbildes und die darauf beruhenden Ableitungen gibt und gab es in keiner mir zugänglichen Einheitensammlung. Es sind zwei Ansätze die auf dieses Bild hinwiesen. Zum Einen $i=V/I*y$ und zum Anderen $i=m/a$. Die Einheit lautet $kg*s^2/m$. Ich habe trotz vielen Zweifeln an dieser Einheit festgehalten, da ich nach längerem Suchen auf die Einheit Tex gestossen bin. Eine Textileinheit die die Feinheit von Fäden wiedergibt und in diesem Moment war ich wie elektrisiert, denn meine Überlegungen zu Pythagoras und Ganzzahligen Brüchen und einer Gitarrensaite, einschließlich der ominösen Strings führten dazu diese Einheit mit einer potenzierten Periodendauer zu ergänzen.
Da man die Fundamentaleinheiten m/s (Meter pro Sekunde) als Geschwindigkeit definieren kann, war und bin ich der Meinung, dass man auch Tex mal potenzierter Periodendauer definieren kann und damit, allerdings nicht mehr so sicher, eine Wandlungsenergieeinheit besitzt.

Ich hätte, sehr, sehr großen Abstand von einer Veröffentlichung der Formel genommen, wenn nicht die Zahlen in den Sequenzen und zwar auch ohne Einheiten, sogar mir ermöglicht hätten, Schlüße auf den Anfang unseres Universums zu ziehen

In den Sequenzen ist unter Nr.14 eine Konstante aufgeführt, die sich aus der Grundgleichung ergibt und auf die Einheit (1) deutet. Daraus ist erkennbar, dass dieses Modell wahrscheinlich mit dem Stady State Modell verwandt sein muss, da die Masse zunimmt. Das Standardmodell kann die heutigen Planeten, Atome, Quarks etc. bis ins Kleinste beschreiben. Am Anfang hat diese Theorie jedoch noch ein Problem. Sie reicht nur bis zur Planckzeit heran. Die von mir gefundene Formel, geht aber darüber hinaus und kann **vielleicht** dieses Standardmodell geringfügig ergänzen.

So wie mir diese Formel einen unendlich kleinen Raumpunkt mit einer Energie die der heutigen Universumenergie entspricht aufzeigt, so ist sie banal in der Betrachtung des heutigen Universum.
Stellen Sie sich einen überdimensionierten Mixstab vor und halten Ihn ins Universum. Schalten Ihn an und mixen alles miteinander durch. Sie erhalten ein Universum mit gleichmäßiger Verteilung von Masse und Raum bzw. Energie und Raum. Keine Planeten, Galaxien, Atome etc. geschweige denn ein Baum.

So wie Milch gerinnt und verklumpt fehlt mir noch die notwendige Zeit die Milch in dieser Formel zum gerinnen zu bringen, damit es zu Galaxien, Planeten etc. führt und man sie darin erkennen kann.

Ob Imagination oder Wirklichkeit, für mich ist diese Formel noch Beides, wobei die Imagination noch vorherrscht. Aber auch die Materie, die sogenannte Realität kann uns Bilder, Erfahrungen vortäuschen die uns nicht loslassen, die tatsächlich keine sind.

Im Bewußtsein, dass Neues nur sehr schwer zu finden ist, insbesondere in der Physik, stieß ich nach einigem Suchen auf die Formeln von Newton.

1.) $F = m_1 * a$
2.) $F = y * (m_1 * m_2) / r^2$

Setzt man sie gleich, so erhält man die Gravitationskonstante

3.) $m_1 * a = y * (m_1 * m_2) / r^2$

Stellt man diese Formel um, so lautet die Gleichung

4.) $r^2 = (y * m2) / a$

Man erweitert die Formel der Gravitationskonstante mit
l bzw. v*t
dann ergibt sich

5.) $r^2 * l = y * m/a * v * t$

6.) $V = y * i * l$

Durch die Erweiterung von l erhalten wir eine höhere
Dimension in der Gleichung der Gravitationskonstanten. Durch
den Erhalt eines Volumens anstatt einer Fläche und der
Einfügung von v und t sind Bezugsgrößen gegeben, durch die
man das Universum „sehen, steuern, bzw. nachbilden" kann
bis zu einem gewissen Punkt, den ich vorab genannt habe.
Natürlich ist durch ein „Kürzen" von l und v*t die ursprüngliche
Form der Gravitationskonstante gegeben und sie ist gleich.
Gerade aber durch die Erweiterung mit l erlangt sie aber eine
andere Dimension und die Größen wie Volumen,
Geschwindigkeit und der Zeit sind dadurch ables- und prüfbar.
Dies kann im Anhang anhand der Formelblätter überprüft
werden und danach gibt es einen Anfang vor dem Urknall. Der
Urton.

Die klassische Gravitationskonstante ergibt sich aus dem
gleichbleibenden Verhältnis von

7.) $(r^2 * a) / m = y$

Die erweiterte Form der Gravitationskonstanten ergibt sich aus
dem gleichbleibenden Verhältnis

8.) $(V * a) / m = y * v * t$

Natürlich ist es, wie vor genannt möglich, die Grundform (3)
ohne weiteres durch kürzen darzustellen, aber durch einen
Vergleich ist es vielleicht eingängiger darzustellen was

gemeint ist, wenn man diese Erweiterung durchführt und damit durch eine Dimension erweitert. Jeder kennt die Formel

9.) $a^2 + b^2 = c^2$

erweitert lautet sie

10.) $(a^2 + b^2) * l = c^2 * l$

Bei der Urfassung sehen wir Quadrate, bei der erweiterten Fassung, sehen wir in erster Linie Kuben aber auch Würfel, je nach Wahl von l.
In der klassischen Fassung der Gravitationskonstanten bezieht sich diese auf das Volumen ($m^3/kg*s^2$).
In der erweiterten Fassung auf einen vierdimensionalen Raum (Volumen?) und zwar auf einen physikalischen. Die Aussage aus dem 3. Gedankenexperiment dass Masse gleich Raum ist und auch anhand der gefundenen Formel gezeigt werden kann und durch die Gleichungen von Newton bestätgt wurde, ergeben Anlass diese reine Vierdimensionalität verbunden mit einer behafteten Imagination zu suchen.

11.) $V * a = m * y * l$

Die Einheit m4 ist auch als Flächenträgheitsmoment zu deuten. Hier handelt es sich aber sicherlich um einen vierdimensionalen Raum. Auch als Architekt und Gestalter kann ich mir keinen reinen vierdimensionalen physikalischen Raum vorstellen. Deshalb wähle ich hilfsweise als Analog das Raumzeitkoordinatensystem (V;t) in zwei Abwandlungen (V;1/i und y;l). Dadurch ergeben sich anziehende und beschleunigende Möglichkeiten.

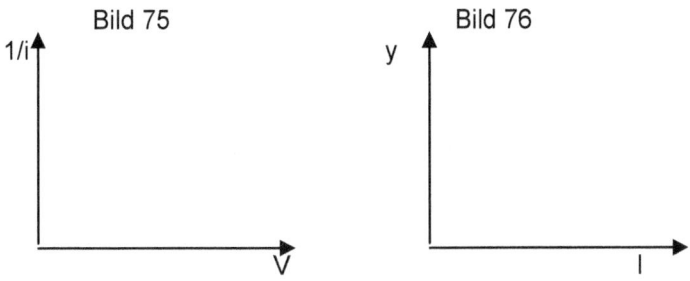

Bild 75   Bild 76

Aus der Formel V=i*y*I ergeben sich Übergänge wie z.B.
V/i=y*I, bzw, V/i*y = I etc. die die beiden oberen Schaubilder
75 und 76 darstellen.

Die folgenden Bilder 77 + 78 zeigen die Dimensionalität im
herkömmlichen Sinn und in einer erweiterten Version
(4 Dimensionen).

Punkt/ 0; Linie/ 1; Kreis/ 2; Kugel/ 3

Bild 77

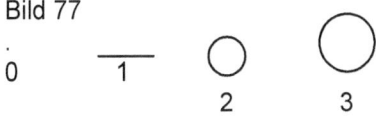

Bild 78

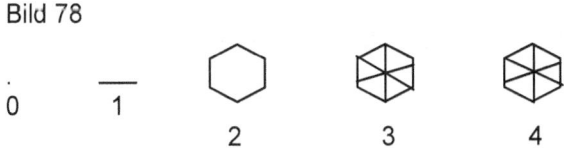

Die Dimensionen 3.) und 4.) im Bild 78 der möglichen
gesehenen Sechseckpyramide übertragen auf die Schaubilder
75 und 76 ergeben die nachfolgenden Darstellungen.

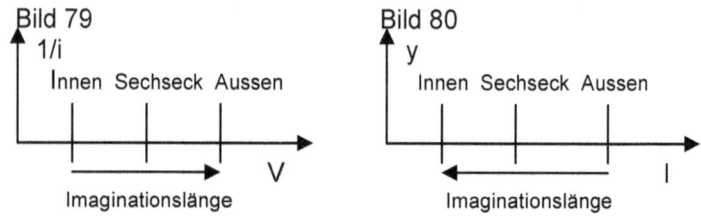

Durch die Produkte V*1/i = y*I erhalten wir einerseits eine beschleunigende Wirkung und eine anziehende.
Setzen wir die Größen in die Produkte ein, so erhalten wir überschlagsmäßig

10^78* 1/10^63 = 10^ -11*10^26

entspricht rund 10^15 m4/kg*s².

Bezogen auf unser Universum ergibt sich folgende Anzahl von m4.

10^15 m4/kg*s² * 10^53 kg * 10^34 s² = rund 10^104 m4.

Setzt man die vierdimensionale Welt von 10^104 m4 ins Verhältnis zum anerkannten Volumen von 10 ^78 m³, so erhalten wir die Bezugsgröße zur 4. Dimension, die gleichzeitig dem Durchmesser unseres Universum entspricht und ebenso die Imaginationslänge unseres Universum beinhaltet. Betrachten wir nochmals die Bilder 70+71 (Kegel) der Imagination so wird uns klar, dass diese ein Innen und ein Aussen, eine Wandlung von Raum und Materie symbolisieren. Dies im Kontext der Geometrie entlang einer Imaginationslinie die ähnlich geheimnisvoll ist wie der Urton. Denken wir uns einfach zur Wandlung von der 4.Dimension in die 3.Dimension eine Komprimierung (Faltung ? etc.) von einer Dimension zur anderen, dann würde doch gelten.

m4 ⟶ m³ = 10^ - 26 m

Bei einer wiederkehrenden Ausdehnung würde sich ergeben

$m^3 \longrightarrow m4 = 10^\wedge\ 26\ m.$

Bei einer Größenordnung von 10^-26 m sind wir weit im Bereich der Quantenwelt und die vierte Dimension wäre in der dritten Dimension enthalten.

Das nächste Bild zeigt auf, wie eine vierte Dimension vorstellbar ist

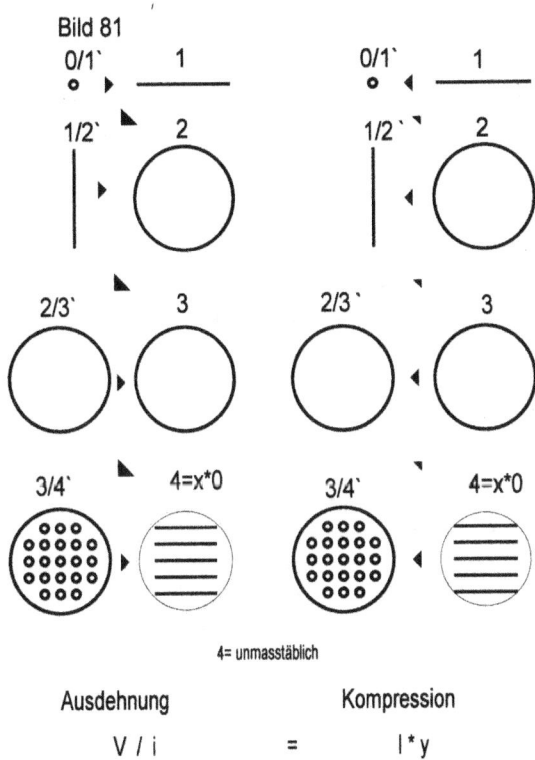

Bild 81

4= unmasstäblich

Ausdehnung   Kompression

V / i   =   l * y

Die Dimensionen 0,1,2,3 entsprechen der üblichen physikalischen Betrachtung. Mit der Zeit sind es ebenfalls vier Dimensionen (Relativitätstheorie). In dieser Betrachtung gilt jedoch eine 4. Dimension als „viertem Raum". Die Dimensionen ½`; 2/3` etc. dehnen sich aus oder ziehen sich zusammen. Die ganze bzw. voll entwickelte 4. Dimension repräsentiert ein „entspanntes" Universum, vergleichbar einer ungespannten Gitarrensaite.

Die Zahl 10^104 als komprimierte vierte Dimension, ist auch in der Sequenz A als Kehrwert der Zeit zu deuten. Dies kann eine tiefere oder eine einfache Bedeutung besitzen.
Das Wechselspiel von Anziehung und Beschleunigung lässt Spielraum für die Entstehung immer neuer Teilchen. Nach den Quarks gibt es die sogenannten Rishons die angeblich aus dem „Nichts" entstehen. Ob dieses Nichts tatsächlich ein Nichts ist oder ein Etwas wird sich sicherlich noch zeigen.

Die Formel $V = i*y*l$ war der Ausgangspunkt dieses kleinen Büchleins ein wenig verbunden mit Musik und Architektur. Die Entwicklung kennen Sie jetzt, aber erst dann, wenn Sie die Tabellen im Anhang geprüft haben und Ihnen bewußt wird wie die Zahlen die Wirklichkeit abbilden können. Vielleicht gelingt es auch Ihnen anhand dieser Formel einiges zu entdecken.

Ich erhebe keinen Anspruch auf die Gültigkeit meiner Gedanken, jedoch ist es verwunderlich, dass die Formel, auf der die meisten meiner Gedanken und Ideen basieren, Ergebnisse liefert die mit dem Standardmodell identisch sind und die man auf Newtons beiden Gleichungen zurückführen kann. Ich bin davon überzeugt, dass diese Formel im Großen wie im Kleinen Ergebnisse liefern kann, dabei ist es nicht etwas Neues wie erhofft, sondern einfach eine andere Dimension von etwas bekanntem, was vielleicht auch ein Neues ist.

Aus der Gleichung ergibt sich

$$V*a = m * y * l$$

vereinfacht ausgedrückt

Volumen/ Raum = Masse/ Materie

Nochmals zum Raum und zur Materie: „Raum befindet sich zwischen den Dingen. Ein Ding ist was ein Aussen hat. Solange wir dieses Aussen nicht stören, gibt es auch ein Innen. Sobald wir aber ein Ding öffnen, wird das Innen zum Aussen. Dieser Prozess geht solange weiter bis wir zum Raum vorstoßen, den wir nicht als Innen sondern als Aussen sehen. Somit ist Aussen ein Ding und deshalb Raum.

Auf der Umschlagseite des Buches „Raum und Zeit" von Stephen Hawking und Roger Penrose ist festgehalten, dass die Allgemeine Relativitätstheorie nicht ausreiche um zu beschreiben, wie das Universum begann.

Nun, vielleicht sind das doch nicht die modernen Gleichungen, die dies ermöglichen, sondern vielleicht doch Newtons Formeln, allerdings eben in einer anderen Dimension.

Ich habe versucht die Ergebnisse der Formel in diesem Büchlein so „rein" zu lassen wie möglich. Darüber hinaus ist es gelungen den Energieerhaltungssatz einzuhalten mit einer einfachen Wandlung. Vielleicht gelingt dies auch mit dem Impulssatz und der Temperatur.

Ein „Photon bzw. Urteilchen" unvorstellbar klein, fast ein Nichts, aber doch ein Etwas, ungeheuer verdichtet, eingebettet in Energie, die in etwa unserer heutigen Gesamtenergie des Universums entspricht, wächst gewandelt durch eine gewaltige Beschleunigung zu unserem Weltall, in rund 20 Milliarden Jahren heran, um wieder erneut in sich zusammenzufalllen zum verdichteten „Photon dem Urteilchen".

So sieht zur Zeit *mein* kleines imaginatives Weltbild aus, begründet durch Zahlen und einer wesentlichen Formel, welches ich vielleicht noch architektonisch abbilde bzw. umsetze, ohne eine Bindung.

Anhang
(Erinnerungsrechnung)

A.) Erinnerung an den Urton

$V=v*t*y*i$ EXPONE

1.)	Vor der Planckzeit	t	=	8,13	s		-104
2.)	Volumen vor der Planckzeit, r=l/2	V	=	1,402202521	m³	1,402202521	-723
3.)	Ruhgeschwindigkeit	v	=	0,170810079	m/s		-137
4.)	Gravitationskonstante	y	=	6,672	m³/kg*s²		-11
5.)	Durchmesser Kugel	l	=	1,388685946	m		-241
6.)	Imaginationsbild/Form	i	=	0,151338932	kg*s²/m		-471
7.)	Kehrwert I-Masse	1/i	=	6,60768505	m/kg*s²		471
8.)	Masse Real	m	=	0,003179608	kg		-504
9.)	Durchmesser Volumen	l	=	1,388685946	m		-241
10.)	Zeitqaudrat	t²	=	66,0969	s²		-208
11.)	Dichte (r=Roh)	r	=	0,002267581	kg/m³		219
12.)	Energie	E	=	9,27685E-05	J		-778
13.)	Beschleunigung	a	=	0,02100985	m/s²		-33
14.)	Konstante	K	=	2265,448019			66
15.)	Wirkungsquantum	h	=	6,626176	kg*m²/s		-34
16.)	Speicherenergie	E/s	=	0,100249422	J/s		174
17.)	Speicherenergie real	E	=	0,815027798	J		70
18.)	Energie E1	E1	=	0,815027798	J		70
19.)	Energie E2	E2	=	0,815027798	J		70
20.)	Energie E3	E3	=	9,27685E-05	J		-778
21.)	Energie E4	E4	=	0,815027798	J		70
22.)	Energie E5	E5	=	0,815027798	J		70
23.)	Energie E6	E6	=	0,815027798	J		70
24.)	Energie E7	E7	=	9,27685E-05	J		-778
25.)	Energie E8	E8	=	0,000133717	J		-537
26.)	Energie E9	E9	=	0,000185537	J		-778
27.)	Plancklänge			1,616	m		-33
28.)	Umkehrung der Zeit			9,4608	s		104

B.) Erinnerung an den Urknall

$V = v \cdot t \cdot y \cdot i$

Nr.	Bezeichnung	Symbol	=	Wert	Einheit		Formel
1.)	Zeit	t	=	5,391E-80	s		Eingabe
2.)	Volumen	V	=	2,2104E-213	m³	0	4/3*Pi*l/2^3
3.)	Geschwindigkeit	v	=	299792458	m/s		Eingabe
4.)	Gravitationskonstante	y	=	6,672E-11	m³/kg*s²		Konstante
5.)	Durchmesser Kugel	l	=	1,61618E-71	m		l=v*t
6.)	Imaginationsbild/Form	i	=	2,0499E-132	kg*s²/m		i=V/v*t*y
7.)	Kehrwert l-Masse	1/i	=	4,8784E+131	m/kg*s²		1/i
8.)	Masse Real Gleichung 1	m	=	1,13992E-44	kg	0	m=i*v/t=V/y*t²
9.)	Durchmesser Volumen	l	=	1,61618E-71	m		s.o.
10.)	Zeitqaudrat	t²	=	2,9063E-159	s²		t²=t²
11.)	Dichte (r=Roh)	r	=	5,1571E+168	kg/m³		r=m/V
12.)	Energie E=mc^2	E	=	1,02451E-27	J		E=m*v²
13.)	Beschleunigung	a	=	5,56098E+87	m/s²		a=m/i
14.)	Konstante	K	=	1			K=m*l*y/V*a
15.)	Wirkungsquantum	h	=	6,62618E-34	Kg*m²/s		Konstante
16.)	Speicherenergie	E/s	=	2,2799E+125	J/s		E/s=h/t²
17.)	Speicherenergie real	E	=	1,22912E+46	J		E=E/s*t
18.)	Energie E1	E1	=	1,22912E+46	J		E=h*v/l
19.)	Energie E2	E2	=	1,22912E+46	J		E=h*v*m*y/v*a
20.)	Energie E3	E3	=	1,02451E-27	J		E=V*a*v²/l*y
21.)	Energie E4	E4	=	1,22912E+46	J		E=h*m*y*t
22.)	Energie E5	E5	=	1,22912EївE+46	J		E=h*a*t/l
23.)	Energie E6	E6	=	1,22912E+46	J		E=(V/(m*y))^0,5
24.)	Energie E7	E7	=	1,02451E-27	J		E=V*v²/t²*y
25.)	Energie E8	E8	=	1,26887E+44	J		E=2/3*(Pi*l/2)*a*v²/y
26.)	Energie E9	E9	=	2,04902E-27	J		E=4/3*(((t*v)/2)^2*a*v²*Pi)/y

Zugehörige Fomeln
zu allen
Sequenzen !!

C.) Erinnerung an die erste spürbare Ausdehnung

$V = v \cdot t \cdot y \cdot i$

1.)	Zeit	t	=	5,391E-60	s	
2.)	Volumen	V	=	2,2104E-153	m³	2,2104E-
3.)	Geschwindigkeit	v	=	299792458	m/s	
4.)	Gravitationskonstante	y	=	6,672E-11	m³/kg*s²	
5.)	Durchmesser Kugel	l	=	1,61618E-51	m	
6.)	Imaginationsbild/Form	i	=	2,04985E-92	kg*s²/m	
7.)	Kehrwert I-Masse	1/i	=	4,8784E+91	m/kg*s²	
8.)	Masse Real	m	=	1,13992E-24	kg	
9.)	Durchmesser Volumen	l	=	1,61618E-51	m	
10.)	Zeitqaudrat	t²	=	2,9063E-119	s²	
11.)	Dichte (r=Roh)	r	=	5,1571E+128	kg/m³	
12.)	Energie	E	=	1,02451E-07	J	
13.)	Beschleunigung	ar	=	5,56098E+67	m/s²	
14.)	Konstante	K	=	1		
15.)	Wirkungsquantum	h	=	6,62618E-34	kg*m²/s	
16.)	Speicherenergie	E/s	=	2,27994E+85	J/s	
17.)	Speicherenergie real	E	=	1,22912E+26	J	
18.)	Energie E1	E1	=	1,22912E+26		
19.)	Energie E2	E2	=	1,22912E+26		
20.)	Energie E3	E3	=	1,02451E-07		
21.)	Energie E4	E4	=	1,22912E+26		
22.)	Energie E5	E5	=	1,22912E+26		
23.)	Energie E6	E6	=	1,22912E+26		
24.)	Energie E7	E7	=	1,02451E-07		
25.)	Energie E8	E8	=	1,26887E+44	J	
26.)	Energie E9	E9	=	2,04902E-07	J	

D.) Das Universum zur Planckzeit

$$V = v*t*y*i$$

1.)	Planckzeit	t	=	5,391E-44	s	
2.)	Volumen	V	=	2,2104E-105	m³	2,2104E-105
3.)	Geschwindigkeit	v	=	299792458	m/s	
4.)	Gravitationskonstante	y	=	6,672E-11	m³/kg*s²	
5.)	Durchmesser Kugel	l	=	1,61618E-35	m	
6.)	Imaginationsbild/Form	i	=	2,04985E-60	kg*s²/m	
7.)	Kehrwert I-Masse	1/i	=	4,8784E+59	m/kg*s²	
8.)	Masse Real	m	=	1,13992E-08	kg	
9.)	Durchmesser Volumen	l	=	1,61618E-35	m	
10.)	Zeitqaudrat	t²	=	2,90629E-87	s²	
11.)	Dichte (r=Roh)	r	=	5,1571E+96	kg/m³	
12.)	Energie	E	=	1024508182	J	
13.)	Beschleunigung	a	=	5,56098E+51	m/s²	
14.)	Konstante	K	=	1		
15.)	Wirkungsquantum	h	=	6,62618E-34	kg*m²/s	
16.)	Speicherenergie	E/s	=	2,27994E+53	J/s	
17.)	Speicherenergie real	E	=	12291181599	J	
18.)	Energie E1	E1	=	12291181599	J	
19.)	Energie E2	E2	=	12291181599	J	
20.)	Energie E3	E3	=	1024508182	J	
21.)	Energie E4	E4	=	12291181599	J	
22.)	Energie E5	E5	=	12291181599	J	
23.)	Energie E6	E6	=	12291181599	J	
24.)	Energie E7	E7	=	1024508182	J	
25.)	Energie E8	E8	=	1,26887E+44	J	
26.)	Energie E9	E9	=	2049016329	J	

E.) Die Energien verwandeln sich

$$V = v \cdot t \cdot y \cdot i$$

1.)	Zeit	t	=	5,391E-40	s	
2.)	Volumen	V	=	2,21039E-93	m³	2,21039E-93
3.)	Geschwindigkeit	v	=	299792458	m/s	
4.)	Gravitationskonstante	y	=	6,672E-11	m³/kg*s²	
5.)	Durchmesser Kugel	l	=	1,61618E-31	m	
6.)	Imaginationsbild/Form	i	=	2,04985E-52	kg*s²/m	
7.)	Kehrwert I-Masse	1/i	=	4,8784E+51	m/kg*s²	
8.)	Masse Real	m	=	0,000113992	kg	
9.)	Durchmesser Volumen	l	=	1,61618E-31	m	
10.)	Zeitqaudrat	t²	=	2,90629E-79	s²	
11.)	Dichte (r=Roh)	r	=	5,1571E+88	kg/m³	
12.)	Energie	E	=	1,02451E+13	J	
13.)	Beschleunigung	ar	=	5,56098E+47	m/s²	
14.)	Konstante	K	=	1		
15.)	Wirkungsquantum	h	=	6,62618E-34	kg*m²/s	
16.)	Speicherenergie	E/s	=	2,27994E+45	J/s	
17.)	Speicherenergie real	E	=	1229118,16	J	
18.)	Energie E1	E1	=	1229118,16	J	
19.)	Energie E2	E2	=	1229118,16	J	
20.)	Energie E3	E3	=	1,02451E+13	J	
21.)	Energie E4	E4	=	1229118,16	J	
22.)	Energie E5	E5	=	1229118,16	J	
23.)	Energie E6	E6	=	1229118,16	J	
24.)	Energie E7	E7	=	1,02451E+13	J	
25.)	Energie E8	E8	=	1,26887E+44	J	
26.)	Energie E9	E9	=	2,04902E+13	J	

F.) Kurz nach der Plankzeit $\quad\quad\quad V=v*t*y*i$

1.)	Zeit	t	=	5E-30	s	
2.)	Volumen kurz nach der zur Planckzeit	V	=	1,76348E-63	m³	1,763E-63
3.)	Lichtgeschwindigkeit	v	=	299792458	m/s	
4.)	Gravitationskonstante	y	=	6,672E-11	m³/kg*s²	
5.)	Durchmesser Volumen	l	=	1,49896E-21	m	
6.)	i= Kurz nach der Planckzeit	i	=	1,76329E-32	kg*s²/m	
7.)	Kehrwert	1/i	=	5,67121E+31	m/kg*s²	
8.)	Masse	m	=	1057242,707	kg	
9.)	Durchmesser Kugelvolumen	l	=	1,49896E-21	m	
10.)	Zeitqaudrat	t²	=	2,5E-59	s²	
11.)	Dichte	r	=	5,9952E+68	kg/m³	
12.)	Energie	E	=	9,50202E+22	J	
13.)	Beschleunigung	a	=	5,99585E+37	m/s²	
14.)	Konstante	K	=	1		
15.)	Wirkungsquantum	h	=	6,62618E-34	kg*m²/s	
16.)	Speicherenergie	E/s	=	2,65047E+25	J/s	
17.)	Speicherenergie real	E	=	0,000132524	J	
18.)	Energie E1	E1	=	0,000132524	J	
19.)	Energie E2	E2	=	0,000132524	J	
20.)	Energie E3	E3	=	9,50202E+22	J	
21.)	Energie E4	E4	=	0,000132524	J	
22.)	Energie E5	E5	=	0,000132524	J	
23.)	Energie E6	E6	=	0,000132524	J	
24.)	Energie E7	E7	=	9,50202E+22	J	
25.)	Energie E8	E8	=	1,26887E+44	J	
26.)	Energie E9	E9	=	1,9004E+23	J	

G.) Erinnerung an den Beginn des Universum　　　　　　　　　　$V=v*t*y*i$

1.)	Zeit	t	=	0,00000001	s	
2.)	Volumen	V	=	14,10784668	m³	14,1078467
3.)	Lichtgeschwindigkeit	v	=	299792458	m/s	
4.)	Gravitationskonstante	y	=	6,672E-11	m³/kg*s²	
5.)	Durchmesser Kugel	l	=	2,99792458	m	
6.)	Imaginationsbild/Form	i	=	70531641369	kg*s²/m	
7.)	Kehrwert i	1/i	=	1,4178E-11	m/kg*s²	
8.)	Masse	m	=	2,11449E+27	kg	
9.)	Durchmesser Kugel	l	=	2,99792458	m	
10.)	Zeitqaudrat	t²	=	1E-16	s²	
11.)	Dichte	r	=	1,4988E+26	kg/m³	
12.)	Energie	E	=	1,9004E+44	J	
13.)	Beschleunigung	a	=	2,99792E+16	m/s²	
14.)	Konstante	K	=	1		
15.)	Wirkungsquantum	h	=	6,62618E-34	kg*m²/s	
16.)	Speicherenergie	E/s	=	6,62618E-18	J/s	
17.)	Speicherenergie real	E	=	6,62618E-26	J	
18.)	Energie E1	E1	=	6,62618E-26	J	
19.)	Energie E2	E2	=	6,62618E-26	J	
20.)	Energie E3	E3	=	1,9004E+44	J	
21.)	Energie E4	E4	=	6,62618E-26	J	
22.)	Energie E5	E5	=	6,62618E-26	J	
23.)	Energie E6	E6	=	6,62618E-26	J	
24.)	Energie E7	E7	=	1,9004E+44	J	
25.)	Energie E8	E8	=	1,26887E+44	J	
26.)	Energie E9	E9	=	3,80081E+44	J	

H.) Erinnerung an die erste Sekunde des Universum $\qquad$ V=v*t*y*i

1.)	Zeit	t	=	1	s	
2.)	Volumen	V	=	1,41078E+25	m³	1,41078E+25
3.)	Lichtgeschwindigkeit	v	=	299792458	m/s	
4.)	Gravitationskonstante	y	=	6,672E-11	m³/kg*s²	
5.)	Durchmesser Kugel	l	=	299792458	m	
6.)	Imaginationsbild/Form	i	=	7,05316E+26	kg*s²/m	
7.)	Kehrwert i	1/i	=	1,4178E-27	m/kg*s²	
8.)	Masse	m	=	2,11449E+35	kg	
9.)	Durchmesser Kugel	l	=	299792458	m	
10.)	Zeitqaudrat	t²	=	1	s²	
11.)	Dichte	r	=	14988009592	kg/m³	
12.)	Energie	E	=	1,9004E+52	J	
13.)	Beschleunigung	a	=	299792458	m/s²	
14.)	Konstante	K	=	1		
15.)	Wirkungsquantum	h	=	6,62618E-34	kg*m²/s	
16.)	Speicherenergie	E/s	=	6,62618E-34	J/s	
17.)	Speicherenergie real	E	=	6,62618E-34	J	
18.)	Energie E1	E1	=	6,62618E-34	J	
19.)	Energie E2	E2	=	6,62618E-34	J	
20.)	Energie E3	E3	=	1,9004E+52	J	
21.)	Energie E4	E4	=	6,62618E-34	J	
22.)	Energie E5	E5	=	6,62618E-34	J	
23.)	Energie E6	E6	=	6,62618E-34	J	
24.)	Energie E7	E7	=	1,9004E+52	J	
25.)	Energie E8	E8	=	1,26887E+44	J	
26.)	Energie E9	E9	=	3,80081E+52	J	

I.) Erinnerung an die erste Minute des Universum $\quad$ V=v*t*y*i

1.)	Zeit	t	=	60	s	
2.)	Volumen	V	=	3,04729E+30	m³	3,04729E+30
3.)	Lichtgeschwindigkeit	v	=	299792458	m/s	
4.)	Gravitationskonstante	y	=	6,672E-11	m³/kg*s²	
5.)	Durchmesser Kugel	l	=	17987547480	m	
6.)	Imaginationsbild/Form	i	=	2,53914E+30	kg*s²/m	
7.)	Kehrwert i	1/i	=	3,93834E-31	m/kg*s²	
8.)	Masse	m	=	1,26869E+37	kg	
9.)	Durchmesser Kugel	l	=	17987547480	m	
10.)	Zeitqaudrat	t²	=	3600	s²	
11.)	Dichte	r	=	4163335,998	kg/m³	
12.)	Energie	E	=	1,14024E+54	J	
13.)	Beschleunigung	a	=	4996540,967	m/s²	
14.)	Konstante	K	=	1		
15.)	Wirkungsquantum	h	=	6,62618E-34	kg*m²/s	
16.)	Speicherenergie	E/s	=	1,8406E-37	J/s	
17.)	Speicherenergie real	E	=	1,10436E-35	J	
18.)	Energie E1	E1	=	1,10436E-35	J	
19.)	Energie E2	E2	=	1,10436E-35	J	
20.)	Energie E3	E3	=	1,14024E+54	J	
21.)	Energie E4	E4	=	1,10436E-35	J	
22.)	Energie E5	E5	=	1,10436E-35	J	
23.)	Energie E6	E6	=	1,10436E-35	J	
24.)	Energie E7	E7	=	1,14024E+54	J	
25.)	Energie E8	E8	=	1,26887E+44	J	
26.)	Energie E9	E9	=	2,28049E+54	J	

J.) Erinnerung an die erste Stunde des Universum $V = v \cdot t \cdot y \cdot i$

1.)	Zeit	t	=	3600	s	
2.)	Volumen	V	=	6,58216E+35	m³	6,58216E+35
3.)	Lichtgeschwindigkeit	v	=	299792458	m/s	
4.)	Gravitationskonstante	y	=	6,672E-11	m³/kg·s²	
5.)	Durchmesser Kugel	l	=	1,07925E+12	m	
6.)	Imaginationsbild/Form	i	=	9,1409E+33	kg·s²/m	
7.)	Kehrwert i	1/i	=	1,09398E-34	m/kg·s²	
8.)	Masse	m	=	7,61215E+38	kg	
9.)	Durchmesser Kugel	l	=	1,07925E+12	m	
10.)	Zeitqaudrat	t²	=	12960000	s²	
11.)	Dichte	r	=	1156,482222	kg/m³	
12.)	Energie	E	=	6,84146E+55	J	
13.)	Beschleunigung	a	=	83275,68278	m/s²	
14.)	Konstante	K	=	1		
15.)	Wirkungsquantum	h	=	6,62618E-34	kg·m²/s	
16.)	Speicherenergie	E/s	=	5,11279E-41	J/s	
17.)	Speicherenergie real	E	=	1,8406E-37	J	
18.)	Energie E1	E1	=	1,8406E-37	J	
19.)	Energie E2	E2	=	1,8406E-37	J	
20.)	Energie E3	E3	=	6,84146E+55	J	
21.)	Energie E4	E4	=	1,8406E-37	J	
22.)	Energie E5	E5	=	1,8406E-37	J	
23.)	Energie E6	E6	=	1,8406E-37	J	
24.)	Energie E7	E7	=	6,84146E+55	J	
25.)	Energie E8	E8	=	1,26887E+44	J	
26.)	Energie E9	E9	=	1,36829E+56	J	

K.) Erinnerung an das erste Jahr des Universum $\quad V=v*t*y*i$

1.)	Zeit	t	=	31536000	s	
2.)	Volumen	V	=	4,42467E+47	m³	4,42467E+47
3.)	Lichtgeschwindigkeit	v	=	299792458	m/s	
4.)	Gravitationskonstante	y	=	6,672E-11	m³/kg*s²	
5.)	Durchmesser Kugel	l	=	9,45425E+15	m	
6.)	Imaginationsbild/Form	i	=	7,01451E+41	kg*s²/m	
7.)	Kehrwert i	1/i	=	1,42562E-42	m/kg*s²	
8.)	Masse	m	=	6,66824E+42	kg	
9.)	Durchmesser Kugel	l	=	9,45425E+15	m	
10.)	Zeitqaudrat	t²	=	9,94519E+14	s²	
11.)	Dichte	r	=	1,50706E-05	kg/m³	
12.)	Energie	E	=	5,99312E+59	J	
13.)	Beschleunigung	a	=	9,506356481	m/s²	
14.)	Konstante	K	=	1		
15.)	Wirkungsquantum	h	=	6,62618E-34	kg*m²/s	
16.)	Speicherenergie	E/s	=	6,66269E-49	J/s	
17.)	Speicherenergie real	E	=	2,10115E-41	J	
18.)	Energie E1	E1	=	2,10115E-41	J	
19.)	Energie E2	E2	=	2,10115E-41	J	
20.)	Energie E3	E3	=	5,99312E+59	J	
21.)	Energie E4	E4	=	2,10115E-41	J	
22.)	Energie E5	E5	=	2,10115E-41	J	
23.)	Energie E6	E6	=	2,10115E-41	J	
24.)	Energie E7	E7	=	5,99312E+59	J	
25.)	Energie E8	E8	=	1,26887E+44	J	
26.)	Energie E9	E9	=	1,19862E+60	J	

L.) Erinnerung an die ersten 10 Jahre des Universum $\qquad$ V=v*t*y*i

1.)	Zeit	t	=	3153600000	s	
2.)	Volumen	V	=	4,42467E+53	m³	4,42467E+53
3.)	Lichtgeschwindigkeit	v	=	299792458	m/s	
4.)	Gravitationskonstante	y	=	6,672E-11	m³/kg*s²	
5.)	Durchmesser Kugel	l	=	9,45425E+17	m	
6.)	Imaginationsbild/Form	i	=	7,01451E+45	kg*s²/m	
7.)	Kehrwert i	1/i	=	1,42562E-46	m/kg*s²	
8.)	Masse	m	=	6,66824E+44	kg	
9.)	Durchmesser Kugel	l	=	9,45425E+17	m	
10.)	Zeitqaudrat	t²	=	9,94519E+18	s²	
11.)	Dichte	r	=	1,50706E-09	kg/m³	
12.)	Energie	E	=	5,99312E+61	J	
13.)	Beschleunigung	a	=	0,095063565	m/s²	
14.)	Konstante	K	=	1		
15.)	Wirkungsquantum	h	=	6,62618E-34	kg*m²/s	
16.)	Speicherenergie	E/s	=	6,66269E-53	J/s	
17.)	Speicherenergie real	E	=	2,10115E-43	J	
18.)	Energie E1	E1	=	2,10115E-43	J	
19.)	Energie E2	E2	=	2,10115E-43	J	
20.)	Energie E3	E3	=	5,99312E+61	J	
21.)	Energie E4	E4	=	2,10115E-43	J	
22.)	Energie E5	E5	=	2,10115E-43	J	
23.)	Energie E6	E6	=	2,10115E-43	J	
24.)	Energie E7	E7	=	5,99312E+61	J	
25.)	Energie E8	E8	=	1,26887E+44	J	
26.)	Energie E9	E9	=	1,19862E+62	J	

M.)   Erinnerung an die ersten hunderttausend Jahre des Universum $V=v*t*y*i$

1.)	Zeit	t	=	3,1536E+12	s	
2.)	Volumen	V	=	4,42467E+62	m³	4,42467E+62
3.)	Lichtgeschwindigkeit	v	=	299792458	m/s	
4.)	Gravitationskonstante	y	=	6,672E-11	m³/kg*s²	
5.)	Durchmesser Kugel	l	=	9,45425E+20	m	
6.)	Imaginationsbild/Form	i	=	7,01451E+51	kg*s²/m	
7.)	Kehrwert i	1/i	=	1,42562E-52	m/kg*s²	
8.)	Masse	m	=	6,66824E+47	kg	
9.)	Durchmesser Kugel	l	=	9,45425E+20	m	
10.)	Zeitqaudrat	t²	=	9,94519E+24	s²	
11.)	Dichte	r	=	1,50706E-15	kg/m³	
12.)	Energie	E	=	5,99312E+64	J	
13.)	Beschleunigung	a	=	9,50636E-05	m/s²	
14.)	Konstante	K	=	1		
15.)	Wirkungsquantum	h	=	6,62618E-34	kg*m²/s	
16.)	Speicherenergie	E/s	=	6,66269E-59	J/s	
17.)	Speicherenergie real	E	=	2,10115E-46	J	
18.)	Energie E1	E1	=	2,10115E-46	J	
19.)	Energie E2	E2	=	2,10115E-46	J	
20.)	Energie E3	E3	=	5,99312E+64	J	
21.)	Energie E4	E4	=	2,10115E-46	J	
22.)	Energie E5	E5	=	2,10115E-46	J	
23.)	Energie E6	E6	=	2,10115E-46	J	
24.)	Energie E7	E7	=	5,99312E+64	J	
25.)	Energie E8	E8	=	1,26887E+44	J	
26.)	Energie E9	E9	=	1,19862E+65	J	

N.) Erinnerung an das heutige Universum $\quad$ V=v*t*y*i

1.)	Zeit, Alter Universum	t	=	6,3072E+17	s	
2.)	Erinnerungsvolumen, Kugel Universum	V	=	3,53973E+78	m^3	3,53973E+78
3.)	Lichtgeschwindigkeit	v	=	299792458	m/s	
4.)	Gravitationskonstante	y	=	6,672E-11	$m^3/kg*s^2$	
5.)	Durchmesser Universum	l	=	1,89085E+26		
6.)	Heute Universum	i	=	2,8058E+62	$kg*s^2/m$	
7.)	Kehrwert 1/i	1/i	=	3,56404E-63	$m/kg*s^2$	
8.)	Masse, Vergleich 10^80 Protonen	m	=	1,33365E+53	kg	
9.)	Durchmesser Kugel	l	=	1,89085E+26	m	
10.)	Zeit zum Quadrat	t^2	=	3,97808E+35	s^2	
11.)	Dichte (r=Roh)	r	=	3,76765E-26	kg/m^3	
12.)	Energie	E	=	1,19862E+70	J	
13.)	Beschleunigung	a	=	4,75318E-10	m/s^2	
14.)	Konstante	K	=	1		
15.)	Wirkungsquantum	h	=	6,62618E-34	$kg*m^2/s$	
16.)	Speicherenergie	E/s	=	1,66567E-69	J/s	
17.)	Speicherenergie real	E	=	1,05057E-51	J	
18.)	Energie E1	E1	=	1,05057E-51	J	
19.)	Energie E2	E2	=	1,05057E-51	J	
20.)	Energie E3	E3	=	1,19862E+70	J	
21.)	Energie E4	E4	=	1,05057E-51	J	
22.)	Energie E5	E5	=	1,05057E-51	J	
23.)	Energie E6	E6	=	1,05057E-51	J	
24.)	Energie E7	E7	=	1,19862E+70	J	
25.)	Energie E8	E8	=	1,26887E+44	J	
26.)	Energie E9	E9	=	2,39725E+70	J	

Probe zu V * a = m * l * y   3600
                                             24
V = 3,53973E+78 m³   365
a = 4,75318E-10 m/s²   20000000000
m = 1,33365E+53 kg
l = 1,89085E+26 m   6,3072E+17 in Zeit einsetzen
E = 1,19862E+70 J

Legende

Elementarzeit, "Harald Fritsch/ Vom Urknall zum Zerfall Seite 126"
Lichtgeschwindigkeit aus "Goldmann Lexikon Physik S. 402
Gravitationskonstante Goldmann Lexikon S.455
Universumzeit/Alter, Eigenrechnung bei 20 Milliarden Jahren
Universumvolumen, Ausdehnung 20 000 MLJ als Kugel

Literatur:

Musik

Musiklexikon	Riemann
Solitude	Duke Ellington
Jazz	Toni Morrison
Das dritte Ohr	Joachim Ernst Berendt
Durch Musik zum Selbst	Peter Michael Hamel
Macharten	Gerhard Kurz
Klang	John R. Pierce
In the mood	Konrad Heidkamp
Jazz & Pop	Sigi Busch
Musikalische Hausapotheke	Christoph Rueger
Nat King Cole	Leslie Gourse
Sozialgeschichte des Jazz	Ekkehard Jost
Blues	Joachim Ernst Berendt
Drummer Schule	Erwin Steinbacher
guitar jazz harmony	Fred Harz
Die Harmonik des Jazz	Wolf Burbat
Jazz Harmonielehre	Axel Jungbluth
Das grosse Buch vom Jazz	John Fordham
Die Lehre von der Harmonik der Welt	Hans Kayser
Das wohltemperierte Gehirn	Robert Jourdain

Architektur

Lexikon der Symbole	Wolfgang Bauer
Der Modulor	Le Corbusier
Das Mysterium von Chartes	Benita von Schröder
Erfolgsgeheimnisse der Natur	Hermann Haken
Architektur und Städtebau	V.M. Lampugnani
Lehmarchitektur	Helmut Lander
Zeitgenössische Architektur	Francisco Asenisio Cerver
Die Kraft der Grenzen	György Doczi
Die Vorsokratiker	Jaap Mansfeld
Die Kunst der Architekturgestaltung	Francis D.K.Ching
Antike, Formen und Stile	Pierre Amiet
Architekturtheorie	Hanno- Walter Kruft

Junge Architekten in Europa	Helge& Margret Bofinger
Das Gesetz der Baukunst	Heinrich Weßling
Ästhetik der Architektur	Jörg Kurt Grütter
Geschichte der Architektur	Jan Gympel
Vitruv	
Hans Kollhoff	Fritz Neumeyer
Die Revision der Moderne	Heinrich Klotz
Schinkel	Bauakademie der DDR
Über Wachstum und Form	D`Arcy Thompson
Pythagoras und sein Satz	Paul Strathern
Pythagoras	Inge von Wedemeyer

Physik

Goldmann Lexikon	Richard Knerr
Kulturgeschichte der Physik	K. Simonyi
Chaos	James Gleick
Der Quantensprung ist keine Hexerei	Fred Allen Wolf
Einstein	Klaus Fischer
Vom Wesen physikalischer Gestze	Richard P. Feynman
Berechnung der Spannung umsponnener Saiten	Klaus Fenner
Der kreative Kosmos	Arthur Young
Von der Null zur Unendlichkeit	Erich Schneider
Der Teil und das Ganze	Werner Heisenberg
Die Entdeckung des Chaos	John Briggs
Dialog mit der Natur	Ilya Prigogine
Auf dem Weg zur Weltformel	Paul Davies u.
Von Albert Einstein zur Weltformel	Roland Wingert
Das 1*1 des Universum	John D. Barrow
Auf der Suche nach Schrödingers Katze	John Gribbin
Körper, Geist und neue Physik	Fred Alan Wolf
Der Klang der Superstrings	Frank Grotelüschen
Eine kurze Geschichte der Zeit	Stephen Hawking
Raum und Zeit	Stephen Hawking/ Roger Penrose

Einsteins Schleier	Anton Zeilinger
Das Universum in der Nußschale	Stephen Hawking
Eine kurze Geschichte des Lichts	Sidney Perkowitz
Über die spezielle und die allgemeine Relativitätstheorie	Albert Einstein
Grundzüge der Relativitätstheorie	Albert Einstein
Neuere Teilchenphysik	Pedro Waloschek
Einsteins Relativitätstheorien	Hubert Goenner
Das elegante Universum	Brian Greene
Vom Urknall zum Zerfall	Harald Fritsch
Die verbogene Raum-Zeit	Harald Fritsch
Eine Formel verändert die Welt	Harald Fritsch
Einstein Relativitätstheorie	Stratis Karamanolis

Für Hinweise jeglicher Art bin ich dankbar.

BFHettich@gmx.de

www.ingramcontent.com/pod-product-compliance
Lightning Source LLC
Chambersburg PA
CBHW070307230526
45470CB00002B/765